W0253522

Die Eigenschaften des Kaskadenumformers und seine Anwendung

von

Dr.-Ing. H. S. Hallo
Privatdozent
an der technischen Hochschule Fridericiana
zu Karlsruhe

Mit 56 Textfiguren

Springer-Verlag Berlin Heidelberg GmbH
1910

Additional material to this book can be downloaded from http://extras.springer.com

ISBN 978-3-662-32435-6 ISBN 978-3-662-33262-7 (eBook)
DOI 10.1007/978-3-662-33262-7

Inhaltsverzeichnis.

Inhaltsverzeichnis

Die Eigenschaften des Kaskadenumformers und seine Anwendung.

Von Dipl.-Ing. H. S. Hallo.

I. Einleitung.

Die Umformung von Wechselströmen in Gleichstrom und umgekehrt findet im allgemeinen statt nach einer der drei folgenden Methoden:

a) Die eine Stromart wird direkt in die andere umgeformt.

b) Die Energie der einen Stromart wird vollständig[1]) in mechanische Energie und diese wieder in elektrische Energie der anderen Stromart umgewandelt.

c) Von der Energie der einen Stromart wird ein Teil zuerst in mechanische Energie und dann in elektrische Energie der anderen Stromart umgewandelt, während der andere Teil direkt umgeformt wird.

Die Einankerumformer (auch rotierende Umformer genannt) bilden die unter a genannte Maschinenklasse. Da bei diesen Umformern das Übersetzungsverhältnis zwischen Gleich- und Wechselspannung durch die Phasenzahl allein bestimmt wird, kann die Umformung auf die geforderte Gleichspannung in fast allen Fällen nur in Verbindung mit stationären Transformatoren erhalten werden. Auch die Spaltpolumformer, die sich von der älteren Ausführung der rotierenden Umformer nur durch eine besondere Konstruktion des Magnetgestells unterscheiden, gehören zu dieser Klasse.

Die Motorgeneratoren bilden die mit b bezeichnete Gruppe. Für die Umformung von Wechselstrom in Gleichstrom kann sowohl der asynchrone als der synchrone Motorgenerator verwendet werden; zur Umformung von Gleichstrom in Wechselstrom aber kommt gewöhnlich nur der synchrone Motorgenerator in Betracht.

Zur Klasse c schließlich gehört der Kaskadenumformer (D. R. P. 145434).[2])

---

[1]) Die Verluste in der Maschine sind vernachlässigt.

[2]) Die bis jetzt erschienene Literatur über den Kaskadenumformer umfaßt: E. Arnold und J. L. la Cour, Der Kaskadenumformer. Stuttgart 1904.

Es sollen nun in vorliegender Arbeit die Eigenschaften des Kaskadenumformers näher betrachtet werden. Wir wollen uns dabei sowohl auf die Theorie als auf die praktische Erfahrung stützen, und da der Kaskadenumformer sich auf Grund seiner charakteristischen Eigenschaften ein großes Anwendungsgebiet gesichert hat, ist zum Schluß, um einen besseren Überblick zu bekommen, eine Beschreibung einiger ausgeführten Kaskadenumformeranlagen beigegeben.

Für eine ausführliche Beschreibung der Wirkungsweise des Kaskadenumformers verweisen wir auf die obenerwähnte Literatur;

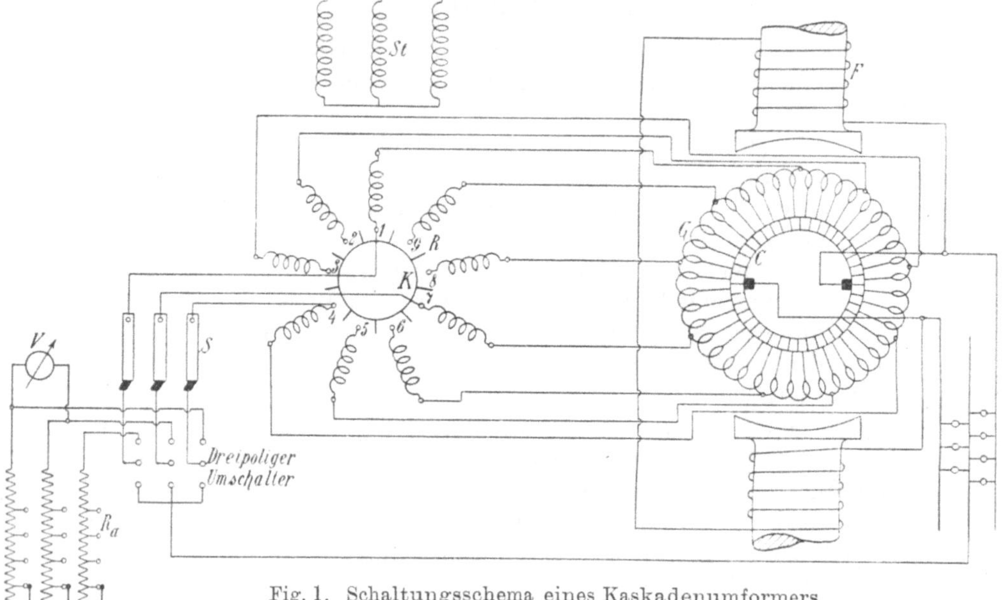

Fig. 1. Schaltungsschema eines Kaskadenumformers.

wir wollen hier nur eine kurze allgemeine Beschreibung vorausschicken.

Der Kaskadenumformer besteht aus einem Induktionsmotor mit vielphasigem Rotor und einer normalen Gleichstrommaschine, die elektrisch und mechanisch gekuppelt sind. Fig. 1 zeigt das vollständige Schaltungsschema eines auf ein Dreileitersystem arbeitenden Umformers. *St* ist die primäre, auf dem Stator gedachte Wicklung der Asynchronmaschine, die zur Aufnahme des primär

E. Arnold und J. L. la Cour, Die Wechselstromtechnik. Band V. 1. Teil, Kapitel XXII. Berlin 1909. The Theory and Application of Motorconverters. H. S. Hallo, Journ. of the Inst. of Elec. Eng. Vol. 43, No. 197.

zugeführten Dreiphasenstromes dient. R ist die Rotorwicklung, die in Serie mit der Gleichstromwicklung G geschaltet ist. K ist der Kurzschließer, der die Anfänge der Rotorphasen zu einem Sternpunkt vereinigt, C der Kommutator, F die Felderregung. R_a bedeutet den dreiphasigen Anlaßwiderstand, der mittels der Schleifringe S mit der Rotorwicklung in Verbindung steht.

Der mehrphasige Wechselstrom, der der Statorwicklung zugeführt wird, erzeugt ein Drehfeld, das mit $n_D = \frac{60\,c}{p_a}$ Umdrehungen in der Minute herumläuft. Es bedeuten c die Periodenzahl des zugeführten Stromes, und p_a die Polpaarzahl der Asynchronmaschine.

Läuft das Aggregat mit einer Tourenzahl n, so ist die Periodenzahl der in der Rotorwicklung induzierten EMKe

$$c_r = \frac{n_D - n}{n_D}\, c = c - \frac{p_a n}{60}.$$

Die Periodenzahl der in der Gleichstromwicklung induzierten EMKe ist:

$$c_g = \frac{p_g n}{60},$$

wo p_g die Polpaarzahl der Gleichstrommaschine bedeutet.

Es gibt nun eine bestimmte Tourenzahl, bei der die Periodenzahlen c_r und c_g gleich sind. Diese Tourenzahl ist bestimmt durch:

$$c - \frac{p_a n}{60} = \frac{p_g n}{60}$$

also:

$$n = \frac{60\,c}{p_a + p_g}.$$

Sind nun die Windungszahlen der beiden Wicklungen derart gewählt, daß auch die induzierten EMKe gleich sind, so verhalten sich die beiden Teile des Kaskadenumformers bei dieser Tourenzahl wie zwei parallel geschaltete Wechselstromgeneratoren. Die Tourenzahl kann sich nicht ändern, da sonst die Bedingung gleicher Periodenzahl verletzt würde. Die sogenannte synchronisierende Kraft verhindert eine solche Änderung. Die Tourenzahl $n = \frac{60\,c}{p_a + p_g}$ ist somit die synchrone Tourenzahl des Aggregates, und sie ist umgekehrt proportional der Summe der Polzahlen.

Da $n = \frac{p_a}{p_a + p_g} n_D$, wird der $\frac{p_a}{p}$ te Teil $(p = p_a + p_g)$ der der Asynchronmaschine zugeführten elektrischen Leistung in mechanische Energie umgesetzt, während der $\frac{p_g}{p}$ te Teil der zugeführten Leistung in Form elektrischer Energie vom Stator auf den Rotor übertragen und in dieser Weise der Gleichstrommaschine zugeführt wird.

Zum Anlassen von der Wechselstromseite sind drei Phasen über Schleifringe zu einem Anlasser geführt. Der Kurzschließer muß geöffnet sein. Das Aggregat läuft wie ein gewöhnlicher Induktionsmotor an. Die Gleichstromseite wird sich erregen, und in der Nähe der synchronen Tourenzahl werden die in der Rotor- und in der Umformerwicklung induzierten EMKe sich abwechselnd addieren und aufheben, was durch ein an die Schleifringe gelegtes Voltmeter angegeben wird. Der Zeiger dieses Voltmeters schwingt über der Skala, und wenn die Schwingungen genügend langsam vor sich gehen, kann der Anlasser im richtigen Momente kurzgeschlossen und der Kurzschließer eingelegt werden. Das Aggregat ist dann in Synchronismus.

II. Einfluß der Polzahlen.

Wir haben gesehen, daß die Tourenzahl des Kaskadenumformers der Summe der Polzahlen der Gleich- und Wechselstromseite entspricht. Diese Eigenschaft ist besonders wichtig, da sie einen sehr großen Einfluß auf das Anwendungsgebiet des Kaskadenumformers hat.

Die Tourenzahl eines rotierenden Umformers ist direkt proportional der Periodenzahl und umgekehrt proportional der Polzahl. Es stehen somit Polzahl und Periodenzahl in engem Zusammenhang; ein 50periodiger vierpoliger rotierender Umformer z. B. läuft mit 1500 Touren. Nun liegt zwar aus ökonomischen Gründen im modernen Dynamobau ein Streben nach hohen Tourenzahlen vor, aber man gelangt doch zu einer Grenze, wo die Betriebssicherheit und bisweilen sogar die Ökonomie ein weiteres Vorschreiten in dieser Richtung bedenklich machen. So z. B. ist es noch nicht sehr lange her, daß der Elektrotechniker vom Maschinenbauer höhere Geschwindigkeiten für die Gleich- und Wechselstromgeneratoren forderte, aber mit der Einführung der Turbogeneratoren war die Grenze bald überschritten, und es sind in manchen Fällen nicht allein Gründe der Betriebssicherheit, sondern auch ökonomische und andere Gründe, die den Elektrotechniker veranlassen, die niedrigsten Tourenzahlen, die die Turbinenfabrikanten ihm geben können, vorzuziehen. Ähnliche Verhältnisse liegen beim rotierenden Umformer vor; und obwohl die Versuche, die Tourenzahlen der hochperiodigen Einankerumformer hinaufzutreiben, noch nicht vollständig aufgegeben sind, wird man doch 6- und 8-polige Umformer vorzugsweise nur für kleine Leistungen bauen und über 250—300 KW zu einer höheren Polzahl greifen. Nun hat eine hohe Polzahl zwar den Vorteil eines kleinen Stromes für eine Bürstenspindel, andrerseits aber muß der Kommutator groß (und deswegen seine Umfangsgeschwindigkeit hoch) gehalten werden, damit der Abstand zwischen den Bürstenspindeln nicht zu klein wird. Sonst wird die Spannung leicht von einer Bürstenspindel zur nächsten überschlagen und Rundfeuer eintreten. Diese Überlegung tritt natürlich um so mehr in den Vordergrund, je höher die Spannung ist.

In solchen Fällen nun bietet der Kaskadenumformer ein bequemes Mittel, mit einer kleineren Polzahl der Gleichstrommaschine die gewünschte Tourenzahl einzuhalten. Wir sehen somit schon jetzt, daß der Kaskadenumformer besonders dann zur Verwendung kommt, wenn sowohl Periodenzahl als Gleichspannung hoch sind. Wenn die Gleichspannung niedrig ist, so wird besonders für große Leistungen der Strom einer Bürstenspindel bald zu hoch, und es kann nötig sein, eine größere Polzahl auf der Gleichstromseite zu verwenden, als für eine hohe Gleichspannung der Fall sein würde. Ist es dann aus anderen Gründen nicht erwünscht, die Polzahl der Wechselstromseite viel zu verkleinern, so muß das Aggregat mit einer niedrigeren Tourenzahl laufen; in solchen Fällen wird also die große Polzahl des rotierenden Umformers ein Vorteil sein. Aber andererseits werden dann auch die Wechselströme sehr groß, so daß die Anwesenheit von Schleifringen für sehr große Stromstärken die Verwendung von rotierenden Umformern doch etwas bedenklich macht, es ist also auch in diesem Fall ein Kaskadenumformer mit niedriger Tourenzahl vorzuziehen.

Für niedere Periodenzahlen dagegen besitzt der rotierende Umformer von vornherein dem Kaskadenumformer gegenüber gewisse Vorteile. Für 25 Perioden und Leistungen unter 1000 KW würde es sich überhaupt nicht lohnen, Kaskadenumformer zu bauen.

Die vorstehenden Überlegungen fallen um so mehr ins Gewicht, wenn man bedenkt, daß große Polzahlen zusammengehen mit kleinen Zwischenräumen zwischen den Polen, so daß die Maschinen mit der kleineren Polzahl sich besser eignen für den Einbau von Kommutierungspolen, was ja mit Rücksicht auf deren allgemeine Verwendung im modernen Dynamobau von größter Wichtigkeit ist. Außerdem werden sowohl Kaskadenumformer als Einankerumformer bisweilen mit Zusatzmaschinen zur Regulierung der Spannung versehen. Eine solche Zusatzmaschine muß dieselbe Polzahl haben wie die Gleichstrommaschine, und es ist somit ohne weiteres klar, daß die kleinere Polzahl des Kaskadenumformers der kleinen Zusatzmaschine zugute kommt. Die Polzahl der Zusatzmaschinen hochperiodiger Einankerumformer ist ja abnormal hoch.

Wir haben ferner gesehen, daß die Asynchronmaschine den $\frac{p_a}{p}$ ten Teil der ihr zugeführten elektrischen Leistung in mechanische Energie umsetzt, während der $\frac{p_g}{p}$ te Teil der zugeführten Leistung in Form elektrischer Energie vom Stator auf den Rotor übertragen und in dieser Weise der Gleichstrommaschine zugeführt wird. Diese Eigenschaft des Kaskadenumformers beeinflußt zunächst die Verluste in der Gleichstromwicklung. Eine genauere Betrachtung dieses Problems bringt manche interessante Gesichtspunkte, sowohl mit Rücksicht auf das günstigste Verhältnis der Polzahlen für gegebene Phasenzahlen, als auf den Vergleich der Verluste im Kaskadenumformer und rotierenden Umformer. Diese Frage der Verluste in der Gleichstromwicklung ist in Abschn. VII ausführlich behandelt.

Die Übertragung und Verteilung der zugeführten elektrischen Energie als mechanischer und elektrischer Energie auf den Rotor hat aber noch aus einem anderen Grunde Interesse, nämlich mit Rücksicht auf das Anlassen des Aggregates von der Wechselstromseite. Sobald nämlich während des Anlassens die Gleichstrommaschine sich erregt, ist sie durch die Rotorwicklung auf den Anlasser belastet. Da die Ströme der Rotor- und Gleichstromwicklung von verschiedener Periodenzahl sind, können sie als voneinander unabhängig betrachtet werden. Sobald die Belastung eintritt, d. h. sobald sich die Maschine erregt, wird die Tourenzahl heruntergehen; aus diesem Grunde muß so viel Widerstand in den Erregerkreis eingeschaltet werden, daß das Aggregat zunächst etwas über die synchrone Tourenzahl hinausläuft. Sobald sich dann die Maschine erregt, wird die Tourenzahl wieder heruntergehen, und bei richtiger Einstellung fällt sie automatisch in Synchronismus. Daraus geht hervor, daß je kleiner der Teil der dem Stator zugeführten Energie ist, der in mechanische Energie umgesetzt wird, das heißt je kleiner $\frac{p_a}{p_g}$ ist, um so mehr Widerstand im Erregerkreis und um so weniger im Anlasser nötig ist. Das hat sich auch in der Praxis ergeben, und ein Umformer mit $p_g > p_a$ ist nicht mit derselben Bequemlichkeit zu synchronisieren, die den normalen Kaskadenumformer mit $p_g = p_a$ kennzeichnet. Durch eine richtige Einstellung von Erreger- und Anlaßwiderstand ist es aber möglich, Maschinen, bei denen p_g nicht viel größer ist als p_a, leicht in Synchronismus zu bringen.

Aus dem oben angegebenen Grunde sind die meisten Kaskadenumformer mit $p_a = p_g$ ausgeführt; es sind aber auch viele Umformer mit $p_g = \frac{4}{3} p_a$ ohne Schwierigkeit in Betrieb gesetzt, wie z. B.:

50 Perioden	500 KW	230 Volt	$p_a = 3$	$p_g = 4$
25 „	1000 „	530 „	$p_a = 3$	$p_g = 4$
50 „	900 „	160 „	$p_a = 6$	$p_g = 8$

III. Die Wicklungen des Kaskadenumformers.

Was die Ankerwicklung der Gleichstrommaschine anbelangt, so wird sie für kleinere Stromstärken natürlich als Reihenwicklung ausgeführt. Da man für Stabwicklungen mit dem effektiven Strom pro Ankerzweig wenn möglich nicht unter etwa 75 Ampere geht, so kommt die Schleifenwicklung erst für etwa $4 \times 75 = 300$ Ampere (entsprechend $a = p_g = 2$) in Betracht, was einem Maschinenstrom von durchschnittlich 450 Ampere entspricht. Ist der Strom zu groß für Reihenschaltung, so kommt es beim Einankerumformer öfters vor, daß wegen der hohen Polzahl eine Schleifenwicklung zu kleine Leiterquerschnitte ergibt. Beim Kaskadenumformer kommt das natürlich weniger vor, und erhält man schon bald eine Schleifenwicklung mit passendem Stabquerschnitt.

Damit die Anschlüsse an die Rotorwicklung symmetrisch ausfallen, muß $\frac{2K}{m_2 \cdot a}$ eine ganze Zahl sein. K ist die Kollektorlamellenzahl, m_2 die Rotorphasenzahl und a die halbe Ankerzweigzahl. Für Parallelwicklungen ist $a = p_g$, für Reihenschaltung $a = 1$. Ist $\frac{2K}{m_2 a}$ eine gerade Zahl, so liegen sämtliche Anschlüsse an die Rotorwicklung auf der gleichen Seite des Ankers. Ist $\frac{2K}{m_2 a}$ eine ungerade Zahl, so liegen sie auf verschiedenen Seiten des Ankers. Außerdem muß die Symmetriebedingung $\frac{z}{a}$ gleich einer ganzen Zahl erfüllt sein.[1]) z ist die Nutenzahl des Gleichstromankers.

Mehrpolige Maschinen mit Parallelwicklung werden mit m_2 Äquipotentialringen versehen; jeder Ring wird mit $a = p$ Punkten der Gleichstromwicklung und mit einer Rotorphase verbunden. Es sind somit $m_2 \cdot a$ Punkte an die Äquipotentialringe angeschlossen. Man kann auch noch andere Äquipotentialringe anordnen, die dann nicht mit einer Rotorphase verbunden werden. Das ist aber in den meisten Fällen überflüssig.

---

[1]) E. Arnold, Die Gleichstrommaschine I. 2. Aufl. Berlin 1906.

Bezüglich der **Rotorwicklung** sei zunächst bemerkt, daß die Windungszahl am besten eine ungerade halbe Zahl ist, damit die Anfänge auf die eine Seite des Rotors (Seite des Kurzschließers) und die Enden auf die andere Seite (Gleichstromseite) zu liegen kommen.

Die Rotorwicklung wird gewöhnlich 12-phasig ausgeführt, nur für kleine Leistungen bisweilen 9-phasig (vgl. Abschn. VII); sie muß derart an die Gleichstromwicklung angeschlossen werden, daß das von den Rotorströmen erzeugte Drehfeld der Drehrichtung des Ankers entgegengesetzt rotiert. Wenn man somit die Anschlüsse an die Gleichstromwicklung im Uhrzeigersinne numeriert, müssen die Enden der Rotorphasen entgegengesetzt der Drehrichtung des Uhrzeigers numeriert werden, wenn man die Maschine in beiden Fällen in derselben Richtung betrachtet. Es ist aber bequemer, die Verbindungsschemata so zu zeichnen, wie man die Anschlüsse der Gleichstromwicklung bzw. die Enden der Rotorphasen von der Mitte der Maschine aus sieht. In dem Falle ist die Numerierung der Enden der Rotorphasen im Sinne des Uhrzeigers vorzunehmen. Wenn man ferner die Anfänge der Rotorphasen, die zum Kurzschließer führen, von der Schleifringseite aus betrachtet, so verläuft ihre Numerierung nun entgegengesetzt dem Drehsinne des Uhrzeigers. In Fig. 2 ist der so festgesetzte Sinn der Numerierung angegeben.

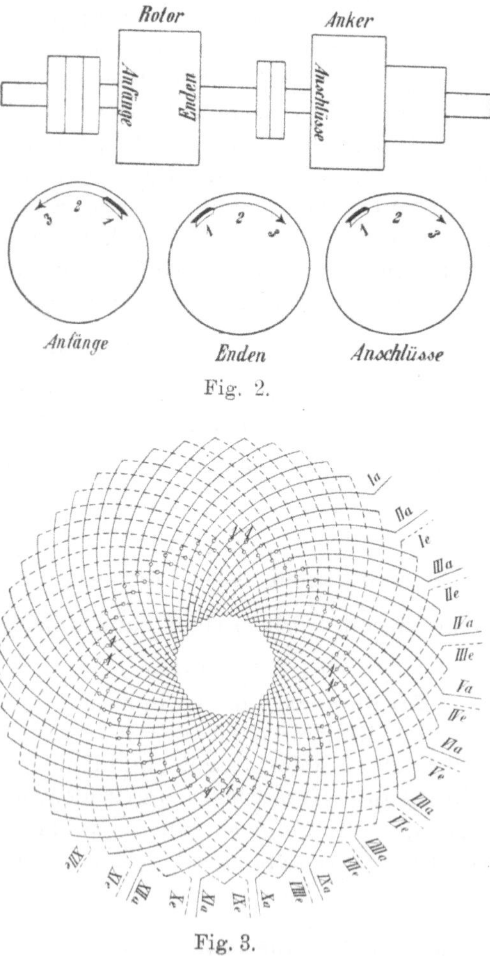

Fig. 2.

Fig. 3.

Die Rotorwicklung ist eine aufgeschnittene Wellenwicklung; die Reihenfolge der Anfänge und Enden der Rotorphasen ändert sich mit der Polzahl und der Nutenzahl. Das geht am deutlichsten hervor aus der Betrachtung einer Wicklung mit nur zwei Spulenseiten pro Nute. Ist dann die Nutenzahl ein Vielfaches von $m_2 \, p_a$, so ist die Anzahl Spulenseiten jeder Phase ein ganzes Vielfaches von $2 \, p_a$, und das Ende einer Phase fällt somit fast mit ihrem Anfang zusammen. Würde man also jede folgende Phase da anfangen, wo die vorige endet, so würden sämtliche Anfänge (und Enden) auf eine doppelte Polteilung fallen, wie in Fig. 3, die eine vierpolige Rotorwicklung mit 48 Nuten, von der Gleichstromseite aus gesehen, darstellt.

Läßt man die letzte halbe Windung jeder Phase aus, so fallen die Anfänge und die Enden auf verschiedene Seiten des Rotors; es brauchen dann keine Verbindungskabel durch den Rotorkörper

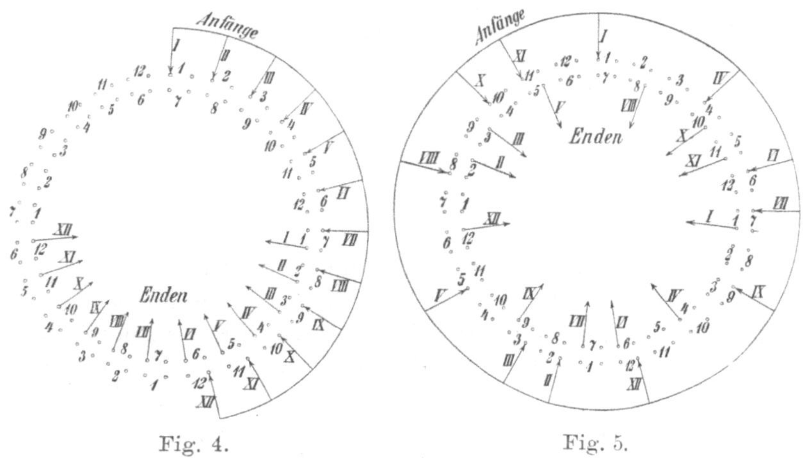

Fig. 4. Fig. 5.

geführt zu werden. Fig. 4 stellt die so erhaltene Wicklung schematisch dar. Die Anfänge sind zu einem Sternpunkt vereinigt. Da es elektrisch vollkommen gleichgültig ist, in welcher Reihenfolge man die zu einer Phase gehörigen Spulenseiten hintereinander schaltet, so verlegt man die Verbindungen am besten so, daß man eine möglichst symmetrische Verteilung der Anschlüsse über den Rotorumfang erhält, was aus mechanischen Gründen vorzuziehen ist. Fig. 5 stellt eine Wicklung mit drei symmetrisch gelegenen Gruppen von je vier Anschlüssen dar. Fig. 6 zeigt die Lage der Enden der Rotorphasen in einem einfacheren Diagramm.

Wenn die Nutenzahl zwar durch m_2, aber nicht durch $m_2 \, p_a$ teilbar ist, verteilen sich die Anschlüsse von selbst über den ganzen Umfang, wenn man jede folgende Phase anfängt, wo die vorige aufhört. Die Anzahl der Spulenseiten pro Phase ist dann nämlich nicht durch $2 \, p_a$ teilbar, und somit fallen Anfang und Ende derselben Phase an ganz verschiedene Stellen des Rotorumfanges. So z. B. zeigt Fig. 7 das Schema einer 4-poligen Wicklung mit 36 Nuten. Die Anzahl Spulenseiten pro Phase ist $\frac{2 \times 36}{12} = 6$, und es liegen zwei Spulenseiten unter zwei Polen und eine unter jedem der zwei andern Pole. Das Ende der Phase 1 und der Anfang der Phase 2 liegen fast diametral gegenüber dem Anfange der Phase 1.

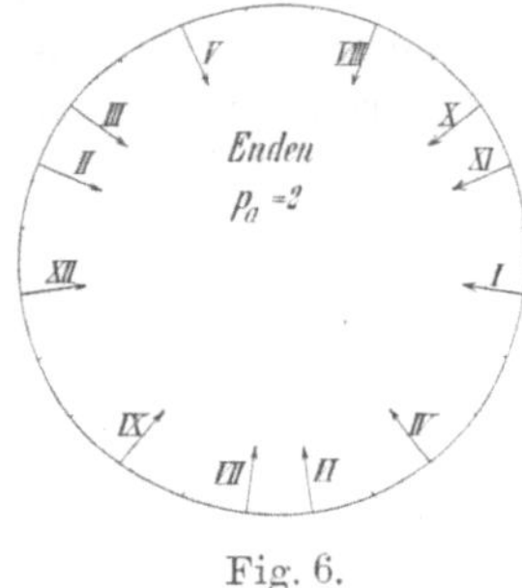

Fig. 6.

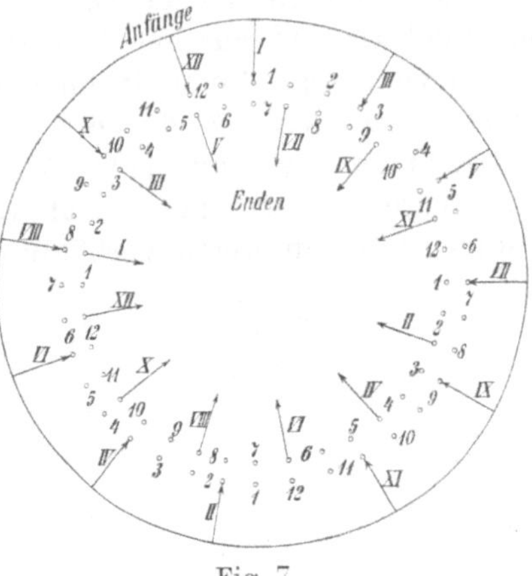

Fig. 7.

In ähnlicher Weise, wie oben für eine 4-polige Wicklung angegeben, ordnen wir für 6-polige Wicklungen mit einer Nutenzahl, die durch $m_2 p_a = 36$, und für 8-polige Wicklungen mit einer Nutenzahl, die durch $m_2 p_a = 48$ teilbar ist, die Anschlüsse in symmetrische Gruppen. Für eine Nutenzahl, die durch m_2, aber

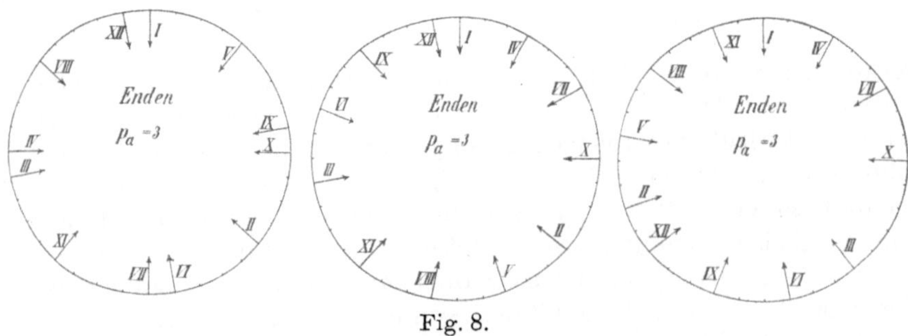

Fig. 8.

nicht durch $m_2 p_a$ teilbar ist, unterscheiden wir bei der 6-poligen Wicklung zwei Fälle; die Nutenzahl pro Pol und Doppelphase kann nämlich sein entweder eine ganze Zahl $+ {}^1/_3$, oder eine ganze Zahl $+ {}^2/_3$. Für 8-polige Wicklungen unterscheiden wir drei Fälle; die Nutenzahl pro Pol und Doppelphase kann um ${}^1/_4$, ${}^2/_4$ oder ${}^3/_4$ größer als eine ganze Zahl sein usw. In Fig. 8 sind beispielsweise die vereinfachten Diagramme der Lage der Enden der Rotorphasen für eine 6-polige Wicklung zusammengestellt. Das Ende der Phase 1 hat immer dieselbe Lage (oben in der Mitte). Z ist die Nutenzahl.

Sind in einer Nute mehr als zwei Spulenseiten untergebracht, so kann man dieselben Diagramme verwenden, wenn man sich die Nutenzahl derart vergrößert denkt, daß in jeder Nute nur zwei Spulenseiten liegen würden.

Wie aus dem Vorhergehenden ersichtlich, bekommt man in jedem Falle eine vollkommen symmetrische Maschine und alle Phasen haben den richtigen Phasenwinkel. Aus dem Grunde liegt bei einer mechanisch vollkommen symmetrischen Maschine elektrisch gar kein Grund vor, daß man nicht unabhängig von der Nutenzahl irgend eines der für die betreffende Polzahl in Betracht kommenden Diagramme verwenden könnte. Es ist jedoch am einfachsten für die Wickelei, die folgende Phase da anzufangen, wo die vorige Phase endet. Nur für Nutenzahlen, die ein Vielfaches von $m_2 p_a$ sind, ist (wie oben erklärt) eine solche Anordnung nicht empfehlenswert.

Ist Z durch $m_2 p_a$ teilbar, so ist die Anzahl der aufeinander folgenden und zu einer Phase gehörigen Spulenseiten immer dieselbe (siehe Fig. 5). Ist Z nur durch m_2 teilbar, so ist diese Anzahl abwechselnd n und $n+1$ (2 und 1 in Fig. 7). An einigen Stellen wird die regelmäßige Abwechslung unterbrochen (in Fig. 7 zweimal für die Spulenseiten oben in der Nute und zweimal für die unten in der Nute).

Daraus geht hervor, daß eine durch $m_2 p_a$ teilbare Nutenzahl vorzuziehen ist. Es liegt dann außerdem bei jedem Stab einer Phase immer ein Stab der zugehörigen diametralen Phase (I und VII, II und VIII usw.). Es wird dadurch eine größere Sicherheit erlangt, daß keine Vibrationen infolge kleiner mechanischer Unsymmetrien (z. B. ungleicher Luftspalt) eintreten werden. Auch hat man den Vorteil, daß, wenn mehr als zwei Spulenseiten in jeder Nute liegen, keine Stäbe verschiedener Phasen nebeneinander in die gleiche Nute zu liegen kommen, was mit Rücksicht auf die Isolation ein Vorteil ist.

Ob man Spulen oder Stabwicklung verwendet, hängt natürlich von der Stromstärke ab. Eine Stabwicklung hat im allgemeinen den Vorteil einer besseren Kühlung; auch gewährt sie der Luft einen besseren Zutritt zu der Statorwicklung.

Für sehr große Stromstärken kann man die totale Stabzahl des Rotors in $2\,m_2$ Gruppen auflösen, und die zwei m_2-phasigen Wicklungen parallel schalten. Der im vorigen Abschnitt erwähnte

900-KW-Umformer mit $p_a = 6$ und $p_g = 8$ ist mit einer derartigen Rotorwicklung ausgeführt.

Die Statorwicklung des Kaskadenumformers stimmt vollkommen mit derjenigen eines Induktionsmotors überein.

IV. Der mechanische Aufbau des Kaskadenumformers.

Der Zusammenbau und die Montierung der Wechselstromseite ist einfacher und bequemer, als die der gewöhnlichen Induktionsmotoren. Das rührt teilweise daher, daß man den Luftspalt nicht so klein zu halten hat. Die Größe des Luftspaltes beeinflußt bei Induktionsmotoren den Leitungsfaktor in hohem Maße, so daß man immer bis auf den aus mechanischen Gründen kleinst zulässigen Luftspalt heruntergeht. Beim Kaskadenumformer wird nur der wattlose Strom des Rotors etwas erhöht, der primäre Leitungsfaktor aber überhaupt nicht beeinflußt, so daß man einen größeren Luftspalt zulassen kann. Außerdem werden die meisten Kaskadenumformer mit vollständig geschlossenen Statornuten[1]) (bisweilen auch Rotornuten) und breiteren Nutenstegen gebaut, was nicht nur das Stanzen der Nuten, sondern auch den Zusammenbau des Eisenkernes zu einem möglichst vollkommenen Zylinder erleichtert, so daß der Luftspalt leicht allseitig gleich gemacht werden kann. Natürlich würde die Anordnung offener Nuten besonders für kleine Hochspannungsmaschinen noch billiger sein. Dies ist aber im allgemeinen unzulässig, denn in einem Induktionsmotor würden wegen des kleinen Luftspaltes die Eisenverluste und der Magnetisierungsstrom bedeutend größer ausfallen, so daß der Wirkungsgrad beeinträchtigt würde, außerdem machen solche Maschinen öfters ein unangenehmes Geräusch, das vollständig verschwindet, sobald man die Nuten schließt.

Da aber die Herstellungskosten eines Induktionsmotors oder Kaskadenumformers mit sehr großer Drahtzahl in einer Nute durch die Verwendung offener Nuten wesentlich heruntergesetzt werden können, hat man versucht, die Nachteile der offenen Nuten durch Verwendung eines magnetischen Keilverschlusses zu umgehen. Da der Keil in der Längenrichtung der Maschine nicht gut lamelliert werden kann, ist die Verwendung eines Metalles mit erheblichem elektrischen Widerstand geboten. Ein solches Material, das dennoch eine genügende magnetische Leitfähigkeit besitzt, ist Gußeisen.

Die Verwendung eines bzw. zweier Keile für jede Nute, von einer Länge gleich der ganzen bzw. halben Eisenlänge der Maschine,

---

[1]) Siehe Abschn. V und VIII.

empfiehlt sich nicht. Vielmehr teilt man den Keil in mehrere kurze Keile, um die Wirbelströme zu unterdrücken. Natürlich ist für eine gute Isolation der Keile von den lamellierten Eisenblechen Sorge zu tragen. Nach einem Patent der A. E. G.[1]) kann man auch aus aufgewickeltem Eisen- oder Stahlgewebe hergestellte Keile verwenden, die in der erforderlichen Form gepreßt werden. Das Drahtgewebe ist vor dem Zusammenrollen ausgeglüht und mit einem Lackanstrich versehen, so daß die einzelnen Lagen gut voneinander isoliert sind, ohne daß beträchtliche magnetische Zwischenräume entstehen. Nach Angaben der Firma werden dann nur ein oder höchstens zwei Keile für jede Nute verwendet. Maschinen mit solchem Keilverschluß haben in der Praxis befriedigende Resultate ergeben.

Alle älteren Ausführungen der Kaskadenumformer haben drei Lager. Einige dieser Maschinen sind in Abschnitt XII besprochen und bildlich dargestellt. Die neueren Umformer für Leistungen bis etwa 600 KW haben nur zwei Lager. Das hat nicht nur den Vorteil kleinerer Reibungsverluste und einer mehr gedrängten Konstruktion, sondern man vermeidet damit auch die Notwendigkeit, die Verbindungskabel von der Rotor- zur Gleichstromwicklung durch die hohle Welle zu führen. Außerdem läßt die Zweilagermaschine eine vorzügliche Kühlung zu, da man die Luft mittels aufgesetzter Ventilatoren leicht durch die Maschine treiben kann.

Aus Fig. 9, die einen normalen 500-KW-Kaskadenumformer für 230 Volt Gleichspannung darstellt, geht deutlich hervor, daß der Zweilagertyp sehr wenig Raum beansprucht. Es hat sich tatsächlich herausgestellt, daß manchmal eine sehr viel größere Leistung mit Kaskadenumformern in einem gegebenen Raum untergebracht werden konnte, als das mit Einankerumformern der Fall war. Das liegt natürlich daran, daß die Einankerumformer immer Transformatoren nötig haben. Nun kann man zwar eine neue Umformerstation derart bauen, daß die Transformatoren im Kellerraum untergebracht sind, aber andererseits läßt sich ein solcher Raum ohne viel Mehrausgaben auch für Kaskadenumformer, die ja nur sehr wenig Wartung erfordern, benutzen. Es hat sich deswegen in der Praxis die Notwendigkeit, die Kaskadenumformer vertikal zu bauen, noch nicht fühlbar gemacht. Das würde sonst eine sehr schöne Maschine geben, deren Platzbedarf zweifellos viel kleiner ist, als der irgend einer anderen Maschinengattung für denselben Zweck.

---

[1]) D. R. P. Nr. 207918.

Fig. 10 zeigt die Konstruktion des mit halbgeschlossenen Nuten ausgeführten Ständers dieses Umformers. Die Wicklung ist eine Dreiphasenwicklung für 6600 Volt.

Fig. 9. 500-KW-Kaskadenumformer.

Fig. 11 zeigt den rotierenden Teil. Die Anker- und Rotorbleche sind auf einer gemeinsamen Büchse aufgebaut, so daß der rotierende Teil sehr steif ist, obwohl der Abstand zwischen den Lagern ziemlich groß wird. Die Verbindungen zwischen Gleichstrom- und Rotorwicklung sind hier sehr einfach, und es ist Gelegenheit, einen Ventilator in der Mitte der Maschine anzuordnen.

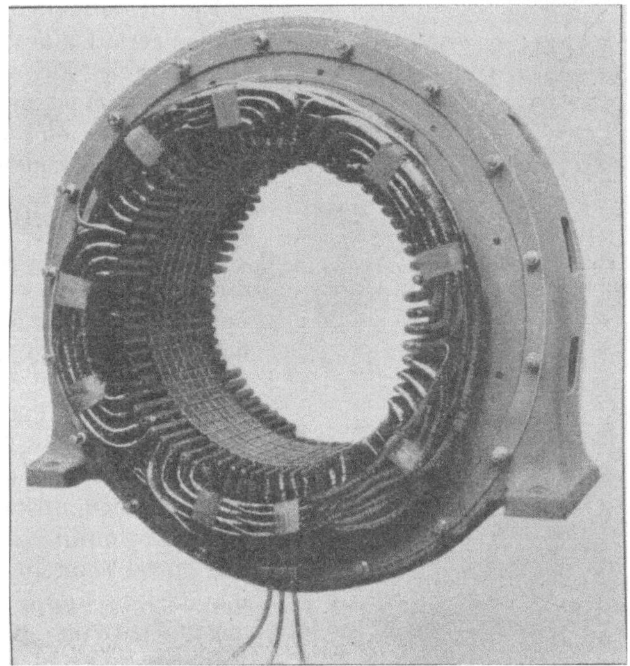

Fig. 10. Ständer eines 500-KW-Kaskadenumformers.

Fig. 11. Rotierender Teil eines 500-KW-Kaskadenumformers.

Die Konstruktion des Kurzschließers und der Schleifringe mit den Zuführungen von der Wicklung ist aus Fig. 12, die den rotieren-

Fig. 12. Rotierender Teil eines 300-KW-Kaskadenumformers.

den Teil eines kleineren Umformers (300 KW) darstellt, deutlich zu ersehen[1]).

Fig. 13 schließlich zeigt das Magnetgestell eines 500-KW-Umformers. Es sind hier 6 Kommutierungspole eingesetzt. Die 4- und 8-poligen Umformer haben meistens nur halb so viele Hilfspole als Hauptpole.

Obwohl die Kaskadenumformer viel weniger zum Pendeln neigen als die rotierenden Umformer, so empfiehlt es sich doch der Sicherheit wegen, wie in Fig. 13, die Hauptpole mit einer Dämpferwicklung zu versehen. Das ist besonders dann notwendig, wenn der Umformer Hilfspole hat, da das Pendeln die Kommutation viel ungünstiger beeinflußt, wenn Kommutierungspole vorhanden sind. Es genügt, einige Kupferstäbe durch die Polschuhe zu stecken und die Enden kurzzuschließen. Es hat sich in der Praxis herausgestellt, daß es bei Kaskadenumformern meistens nicht einmal nötig ist, diese Stäbe ganz nahe an den Luftspalt zu verlegen oder das Eisen der Polschuhe an der Stelle, wo die Kupferstäbe liegen, aufzuschlitzen, wie das z. B. in Fig. 14 der Fall ist. Das Kupfer kann vollständig im Eisen der Polschuhe eingebettet sein, was natürlich den Vorteil hat, daß der Kraftfluß weniger schwankt,

---

[1]) Der Maßstab der Fig. 12 und 13 ist größer als der der Fig. 10 und 11.

und daß durch die von den vorübergehenden Zähnen der Gleichstromarmatur verursachten Kraftflußveränderungen keine Ströme in der Dämpferwicklung induziert werden.

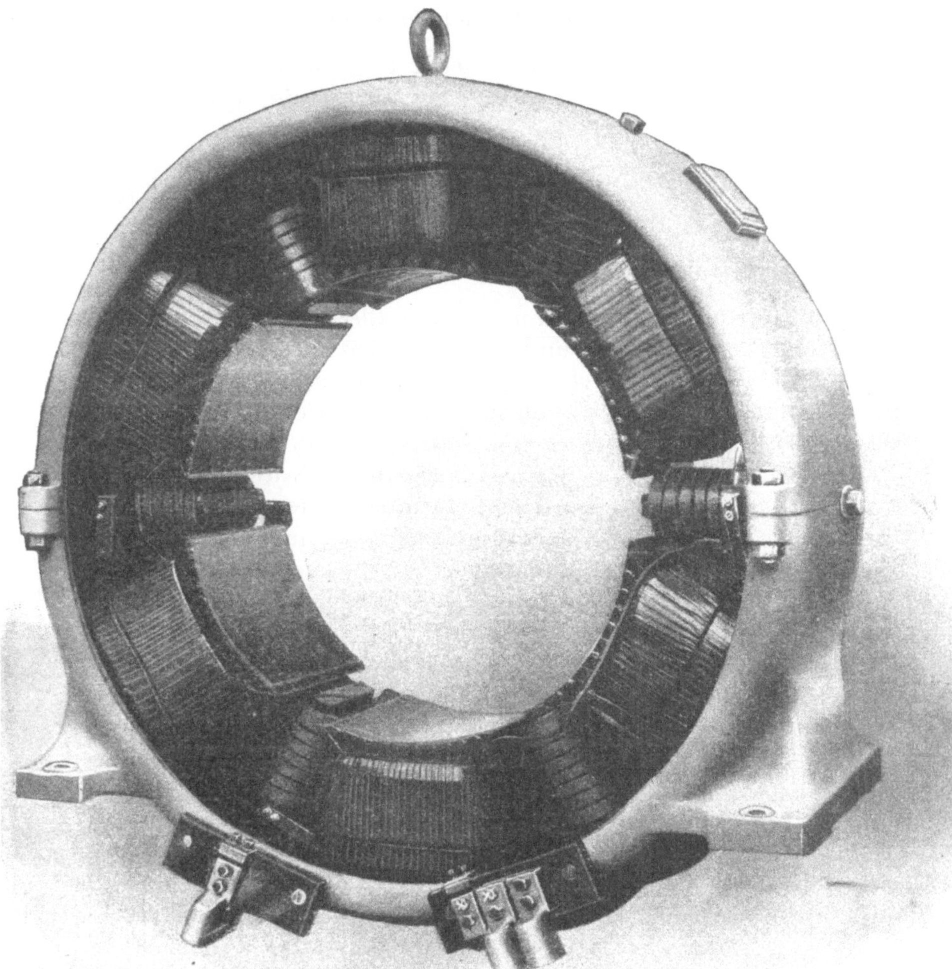

Fig. 13. Magnetgestell eines 500-KW-Kaskadenumformers.

Wenn die Maschine belastet ist, werden außerdem durch die von den Nuten verursachten Schwankungen des Ankerfeldes in den Stäben der Dämpferwicklung Ströme induziert. Diese Ströme, die nicht nur Verluste bedeuten, sondern öfters die Maschine mit einem hohen Ton zum Singen bringen, werden klein gehalten, indem man die Lochteilung der Dämpferwicklung gleich der Zahnteilung des

Gleichstromankers wählt. Um sie vollständig zu vermeiden, kann man die Kupferstäbe unter einem Winkel mit der Achse der Maschine anordnen. Die Größe dieses Winkels muß mindestens sein $\alpha = \operatorname{arctg} \frac{t_1}{l}$, wo t_1 die Nutenteilung und l die Länge des Gleichstromankers ist; denn für diesen Fall ist die Summe der durch die vorerwähnten Schwankungen in den kurzgeschlossenen Kreisen induzierten EMKe gerade Null.

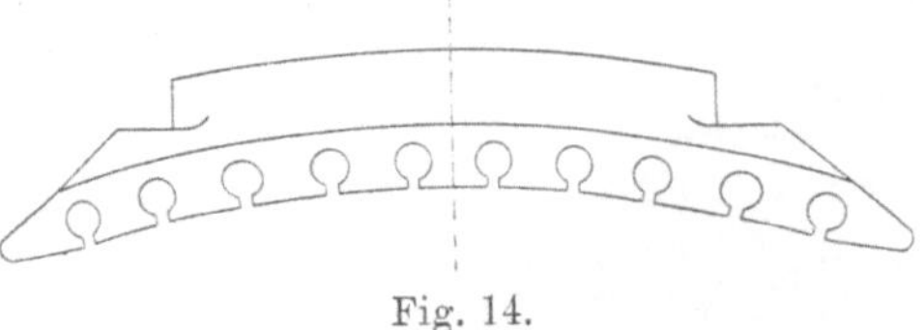

Fig. 14.

Wenn man lamellierte Polschuhe verwendet, ist es für die Herstellung am bequemsten, alle Bleche gleich zu stanzen, die Kupferstäbe einzusetzen und dann den ganzen Polschuh um den gewünschten Winkel zu drehen. Um zu verhindern, daß der Polschuh zurückspringt, kann man, wie in Fig. 15, einige Nieten durch in den oberen Teil gebohrte Löcher treiben, oder man kann auch zwei Keile in dazu gehobelte Nuten eintreiben. Die Polschuhe können dann auf die Stahlgußmagnetkerne aufgeschraubt werden.

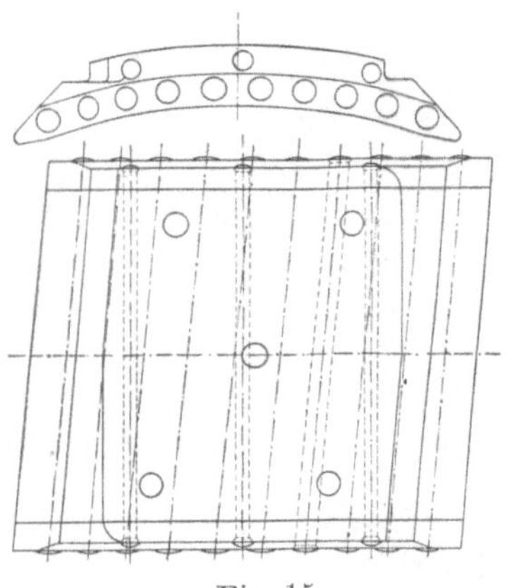

Fig. 15.
Polschuh mit Dämpferwicklung.

Einphasenkaskadenumformer müssen nicht nur auf den Hauptpolen, sondern auch auf den Kommutierungspolen eine Dämpferwicklung haben. Es genügt, einen starken Kupferring um die Schuhe der Kommutierungspole herumzulegen. Solche Ringe haben auch einen günstigen Einfluß auf die Kommutation mehrphasiger Kaskadenumformer, die von sehr langsam laufenden Wechselstromgeneratoren gespeist werden, wenn diese einen großen Ungleichförmigkeitsgrad haben, der dann, da der Kaskadenumformer eine Synchronmaschine ist, auf diesen übertragen wird.

Der ganze Zusammenbau ist besonders deutlich aus Fig. 16 zu ersehen, die die Gesamtanordnung eines Zweilagerkaskadenumformers für 500 KW darstellt. Anker und Rotor sind auf einer gemeinschaftlichen Büchse aufgebaut, und die Anordnung der Äquipotentialverbindungen, an die sowohl die Anker- als die Rotorwicklung angeschlossen ist, ist besonders bequem. In der Mitte der Maschine sind Ventilatorflügel angebracht.

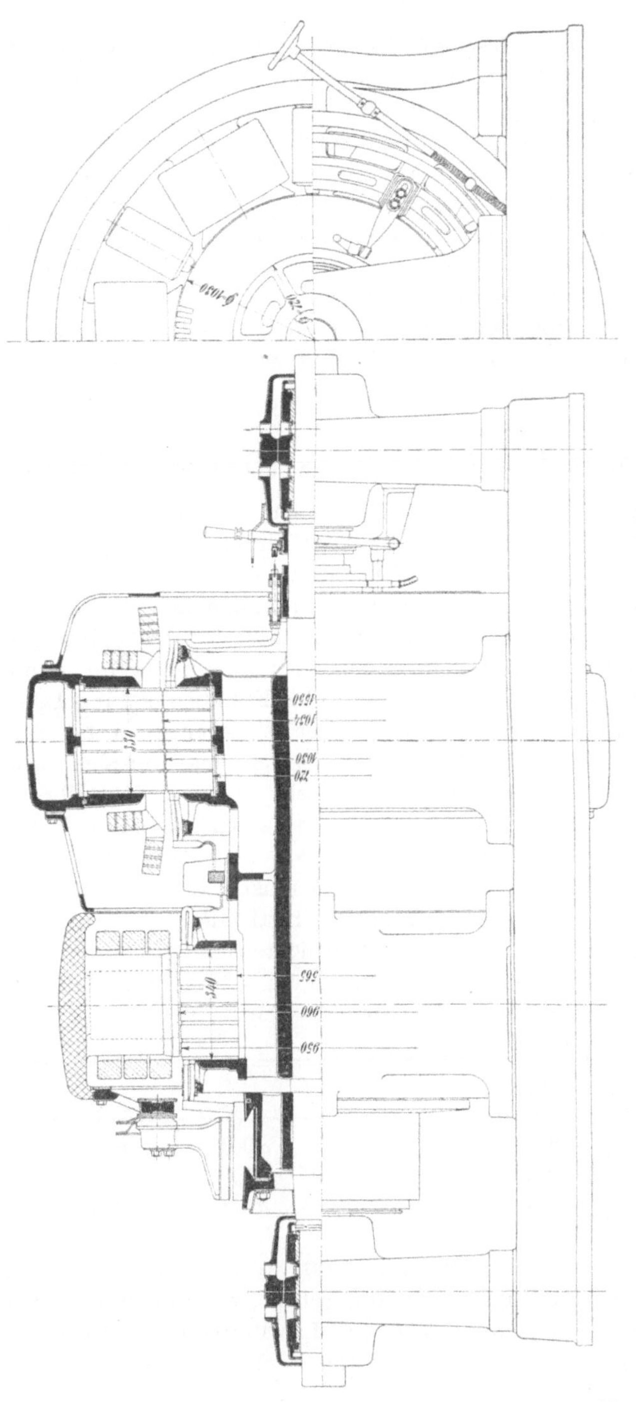

Fig. 16. Zweilagerkaskadenumformer für 500 KW.

Die vorliegende Maschine hat vollständig geschlossene Nuten sowohl im Stator als im Rotor. Die Endverbindungen der Rotorwicklung sind abgebogen, um einem Überschlagen der Hochspannung von der Stator- zur Rotorwicklung vorzubeugen. Der Apparat zum Kurzschließen der Rotorwicklung ist derart konstruiert, daß der Handgriff nach der Kurzschließung zurückgelegt werden kann, so daß die am Handgriff befestigten Rollen nicht mehr in die Rillen des eigentlichen Kurzschließers hineingreifen. Es wird dadurch eine unnötige Abnutzung verhütet.

Die Feldwicklung jedes Poles ist in drei Teile geteilt, um eine bessere Ventilation und durch höhere Stromdichte ein kleineres Kupfergewicht zu erreichen.

V. Die Vorausberechnung des Kaskadenumformers.

Die Vorausberechnung des Kaskadenumformers ist ausführlich behandelt in der erwähnten Veröffentlichung „Der Kaskadenumformer" von E. Arnold und J. L. la Cour; es sollen deswegen im folgenden nur einige Bemerkungen hinzugefügt werden.

Fig. 17 stellt den Wirkungsgrad, den man der Vorausberechnung eines mehrphasigen Kaskadenumformers zugrunde legen kann für Vollast, Halblast und Viertellast, als eine Funktion seiner Leistung und für normale Tourenzahl dar. Der Wirkungsgrad bei $^3/_4$ der Vollbelastung darf etwa 0,25 $^0/_0$ niedriger angenommen werden als der bei Vollast; das hängt aber sehr von der Verteilung der Verluste auf Eisen und Kupfer ab, und es sind manche Umformer im Betrieb, bei denen der Wirkungsgrad bei $^3/_4$ Last eben so hoch, oder sogar etwas höher ist als bei Vollast. Es dürften die von S. L. Pearce in dem „Journal of the Institution of Electrical Engineers" (Vol. 43 No. 197) veröffentlichten Angaben über den Wirkungsgrad von Kaskadenumformern der städtischen Elektrizitätswerke in Manchester hier von Interesse sein.

KW	$^1/_1$	$^3/_4$	$^1/_2$	$^1/_4$
250	89,2	—	89,0	85,5
500	91,5	—	91,0	87,5
1500	93,25	93	91,75	86,5

Wie ersichtlich, sind die 250- und 500-KW-Umformer mit kleinen Leerlauf und großen Kupferverlusten gebaut, während der 1500-KW-Umformer relativ bedeutend größere Leerlaufverluste aufweist mit entsprechend niederen Kupferverlusten.

In Abschnitt III ist darauf hingewiesen, daß als Nutenzahl des Rotors am besten ein Vielfaches von $m_2 p_a$ gewählt wird. Da nun die Nutenzahl des Stators ein Vielfaches von $2 m_1 p_a$[1]) sein soll, ist man bei der Vorausberechnung eines Kaskadenumformers in der Wahl der Rotornutenzahl am meisten beschränkt. Es ist ferner aus der Theorie der Induktionsmotoren bekannt, daß eine gleiche Nutenzahl im Rotor und Stator das Anlassen erschwert. Das fällt bei den Kaskadenumformern um so mehr ins Gewicht, da man gewöhnlich nur 3 der 12 Phasen zum Anlassen benutzt. Es ist aus diesen Gründen am besten, bei der Vorausberechnung die Rotornutenzahl zuerst festzusetzen.

Wenn man das getan hat, ist die einzige Schwierigkeit die Festlegung der spezifischen Strombelastung (A. S.), da diese in engem Zusammenhang mit der Reaktanz der Maschine steht. Durch die

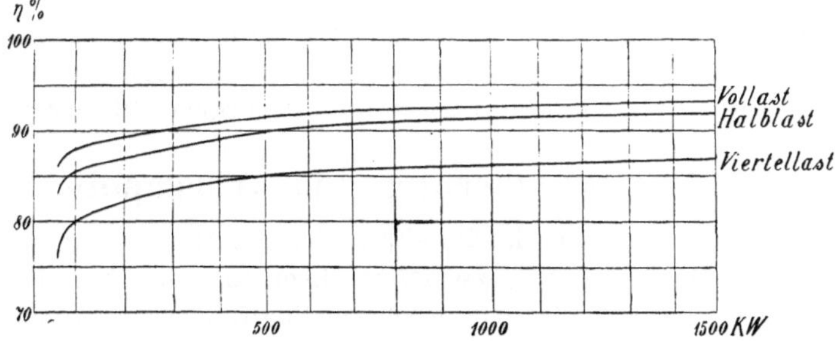

Fig. 17. Wirkungsgradkurven.

Verwendung offener, halbgeschlossener oder vollständig geschlossener Nuten hat man es aber in der Hand, die Reaktanz innerhalb weiter Grenzen zu variieren für denselben Wert der spezifischen Strombelastung. Man kann deswegen im allgemeinen der Vorausberechnung einen günstigen Wert für die spezifische Strombelastung zugrunde legen, so daß auch die magnetische Beanspruchung eine passende und die Verteilung der Verluste auf Eisen und Kupfer eine günstige wird. Dies beeinflußt natürlich sowohl die Wirkungsgradkurve als die Erwärmung und ist besonders wichtig für Hochspannungsmaschinen. Hochspannungswicklungen von Maschinen mit hoher spezifischer Strombelastung sind nämlich sehr schwer kühl zu halten. Da nun diese Frage der Reaktanz so wichtig ist, ist sie in einem besonderen Abschnitt ausführlich behandelt; auch sind einige Versuchsresultate beigegeben.

Da die Rotorspannung und somit auch der Strom durch die Gleichspannung bestimmt ist, läßt sich unter Annahme eines passen-

[1]) m_1 ist die Statorphasenzahl.

den Wertes für die spezifische Strombelastung für einen vorläufig angenommenen Durchmesser ein passender Wert von w_2[1]) finden. Aus dem bekannten Übersetzungsverhältnis von Stator- zur Rotorwicklung ergibt sich dann die Windungszahl w_1[2]), und es empfiehlt sich, nun zunächst die Dimensionen des Ständers und seiner Wicklung festzusetzen, da wegen des niederen Wertes des Nutenfüllfaktors die endgültigen Abmessungen der Wechselstromseite eines Hochspannungskaskadenumformers durch den Stator und nicht durch den Rotor bestimmt werden.

Was die Vorausberechnung der Gleichstromseite anbelangt, so muß zunächst der Faktor $\frac{1}{\sqrt{\nu}}$ bekannt sein (vgl. Abschn. VII). Die Maschine kann dann wie eine gewöhnliche Gleichstrommaschine berechnet werden, nur ist bei der Berechnung der Erregung die entmagnetisierende Wirkung des wattlosen Stromes zu berücksichtigen, und bei der Berechnung der Kommutierungspole muß daran gedacht werden, daß zwar der ganze Strom kommutiert wird, daß aber nur der generierte Strom ein Ankerquerfeld erzeugt.

VI. Kompoundierung und Wendepole.

Der normale Nebenschlußkaskadenumformer hat einen Spannungsabfall von etwa 5% zwischen Leerlauf und Vollast. Bisweilen kommt es vor, daß ein größerer Spannungsabfall erwünscht ist; dazu kann man eine Gegenkompoundwicklung auf den Hauptpolen der Umformer anbringen. Ist der Umformer mit Kommutierungspolen versehen, so wird dasselbe Resultat in einfacherer Weise erreicht, indem man die Polschuhe der Kommutierungspole und die Bürsten etwas in der Drehrichtung verschiebt (vgl. S. 99). Dadurch wird künstlich Armaturreaktion hervorgerufen, die Kommutierung aber nicht ungünstig beeinflußt.

Sehr oft wird verlangt, daß die Gleichspannung unabhängig von der Belastung sei, oder mit der Belastung ansteige. In dem Falle wird der Umformer mit einer Hauptschlußwicklung versehen, die die Nebenschlußwicklung unterstützt. Überkompoundierte Maschinen werden am besten mit einem solchen Übersetzungsverhältnis zwischen Gleich- und Wechselspannung ausgeführt, daß sie bei etwa $^3/_4$ Last keinen wattlosen Strom vom Netze aufnehmen. In Leerlauf (bei der kleinen Gleichspannung) wird der aufgenommene Wechselstrom dann phasenverspätet sein; der wattlose Strom nimmt ab, wenn die Belastung zunimmt, ist Null für $^3/_4$ Last und geht

---

[1]) w_2 ist die Anzahl Windungen in Serie pro Rotorphase.

[2]) w_1 ist die Anzahl Windungen in Serie pro Statorphase.

dann in einen phasenverfrühten Strom über. Diese Änderung des wattlosen Stromes mit der Belastung wirkt besonders günstig auf die Zentralenspannung zurück, die unter Umständen sogar bei großen Belastungsänderungen (siehe Seite 92) nahezu konstant bleibt.

Sind die Umformer mit Kommutierungspolen versehen, so wird auch eine kompoundierende Wirkung erhalten, wenn man die Bürsten aus der neutralen Zone gegen die Drehrichtung verschiebt. Man darf aber damit nicht zu weit gehen, da sonst die Stabilität im Parallelbetrieb gefährdet wird. Aus demselben Grunde empfiehlt es sich, besonders bei Maschinen für hohe Stromstärke, darauf zu achten, daß die Verbindungen der Kommutierungspolwicklungen nicht magnetisierend auf die Hauptpole wirken. Sind diese Verbindungen nämlich abwechselnd auf der vorderen und hinteren Seite der Maschine verlegt, so ist ihre Wirkung halb so groß wie die einer Windung einer Kompoundwicklung. Stehen die Bürsten in der neutralen Zone, so könnte der Spannungsabfall für einen befriedigenden Parallelbetrieb zu klein werden, wenn diese halbe Windung die Nebenschlußwicklung unterstützt.

Die Wicklungen der Kommutierungspole können vom Strome eines Außenleiters durchflossen werden, oder wenn der Umformer auf ein Dreileiternetz arbeitet, kann man die Wicklung jedes zweiten Poles durch den Strom des positiven, bzw. negativen Außenleiters erregen. Sind nur halb so viele Hilfspole als Hauptpole vorhanden, so bekommt in dem letzteren Falle jeder Pol zwei Wicklungen, von denen eine durch den negativen, die andere durch den positiven Strom erregt wird. Diese zwei Wicklungen haben dann die volle Maschinenspannung gegeneinander; man kann aber auch diese Spannung halbieren, indem man einen Außenleiter und den Mittelleiter zur Erregung der Kommutierungspole heranzieht.[1])

VII. Die Verluste im Gleichstromanker des Kaskadenumformers.

Der die Leiter des Gleichstromankers durchfließende Strom ist ebenso wie bei einem Einankerumformer die Differenz zwischen dem vom Rotor zugeführten Wechselstrom und dem erzeugten Gleichstrom. Der erzeugte Gleichstrom ist jedoch beim Kaskadenumformer nur zum Teil ein umgeformter Wechselstrom, indem er sich zusammensetzt aus einem umgeformten Wechselstrome und einem generierten Gleichstrome. Der Gleichstrom wechselt in jeder Anker-

[1]) Siehe Journal of the Institution of Electrical Engineers. Vol. 43. No. 197.

spule seine Richtung in dem Augenblicke, wo die Ankerspule die Kommutatorbürste passiert, und bedingt somit im Anker einen Wechselstrom von rechteckiger Wellengestalt mit der Amplitude $\frac{J_g}{2}$[1]) (Fig. 18). Diesen zerlegen wir in seine Harmonischen und erhalten somit:

$$i_g = \frac{J_g}{2} \frac{4}{\pi} \left(\sin \omega t + \frac{1}{3} \sin 3 \omega t + \frac{1}{5} \sin 5 \omega t + \ldots + \frac{\sin n \omega t}{n} + \ldots \right)^{*)}$$

Es ist $t = 0$, wenn der Strom kommutiert wird, d. h. gerade in dem Augenblicke, wo die in der Spule induzierte EMK gleich Null ist. Es ist somit die Grundwelle $\frac{2 J_g}{\pi} \sin \omega t$ ein reiner Wattstrom. Die Oberströme bedingen einen Stromwärmeverlust, der sich zu dem in einer Gleichstrommaschine verhält wie:

$$\frac{(1/3)^2 + (1/5)^2 + (1/7)^2 + \ldots\ldots}{1 + (1/3)^2 + (1/5)^2 + (1/7)^2 + \ldots\ldots} = 0{,}19.$$

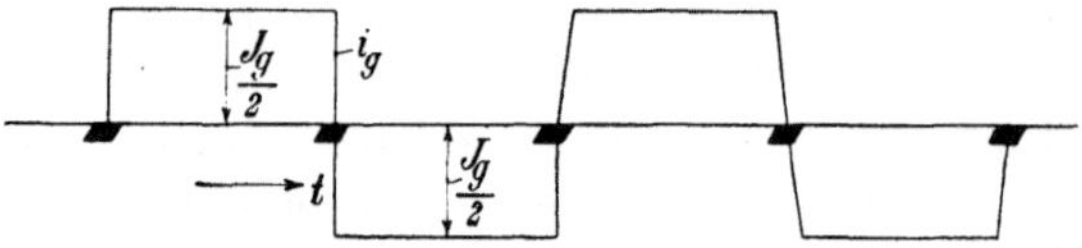

Fig. 18.

Soweit ist alles genau wie beim rotierenden Umformer, und wir wollen die Gelegenheit benutzen zu betonen, daß — solange der zugeführte Wechselstrom Sinusform hat — im Einankerformer wenigstens 19% derjenigen Stromwärmeverluste im Anker bestehen bleiben, die die Maschine als Gleichstrommaschine mit derselben Belastung haben würde. Bekanntlich sind die Verluste in der Praxis bedeutend höher, weil man einen Umformer gewöhnlich mit nicht mehr als sechs Schleifringen versieht, aber immerhin können

---

[1]) J_g ist der totale vom Kommutator abgenommene Gleichstrom. Wenn man genau rechnen will, muß man noch in Betracht ziehen, daß die Zeitdauer der Kommutation einen endlichen Wert hat, und somit der Strom nicht plötzlich von $-\frac{J_g}{2}$ zu $+\frac{J_g}{2}$ kommutiert wird. Der Verlauf des Kurzschlußstromes ist aber im allgemeinen unbekannt, und obwohl die Annahme eines geradlinigen Stromverlaufes (zusätzliche Kurzschlußstromstärke gleich Null), wie in der rechten Hälfte der Fig. 18 angedeutet, etwas genauere Resultate ergeben könnte, so ist die einfachere Rechnung mit der rechteckigen Wellengestalt genügend genau.

*) Siehe E. Arnold, Die Wechselstromtechnik I.

wir sagen, daß die theoretische Maximalleistung für gleiche Erwärmung

$$\sqrt{\frac{1}{0{,}19}} = 2{,}3 \text{ mal}$$

der Leistung der Maschine als normaler Gleichstrommaschine ist.

Wir wollen jetzt untersuchen, wie weit wir unter diesem ideellen Wert bleiben bei einem Kaskadenumformer, dessen Rotor m_2-phasig gewickelt ist.

Aus Fig. 19, die das Spannungsdiagramm[1]) der Gleichstromwicklung darstellt, ergibt sich $E_l = \frac{E_g}{\sqrt{2}} \sin \frac{\pi}{m_2}$, wo E_g die Gleichspannung und E_l die effektive Spannung zwischen zwei benachbarten Anschlußpunkten ist.

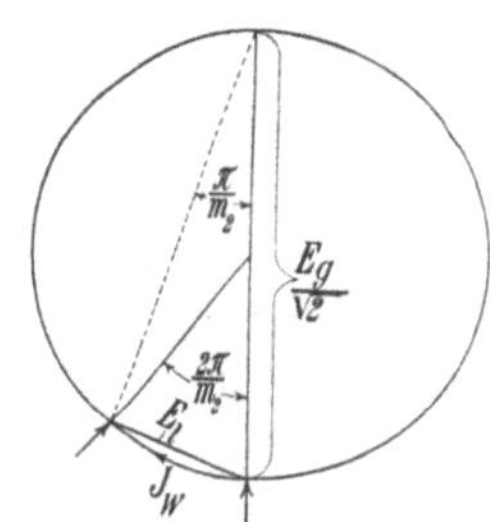

Fig. 19.
Spannungsdiagramm.

Ist ferner J_w der Wattstrom in der Gleichstromwicklung infolge des Wattstromes im Rotor, so ist

$$m_2 J_w E_l = \frac{p_g}{p_a + p_g} E_g J_g,$$

da der Gleichstrommaschine der $\frac{p_g}{p_a + p_g}$ te Teil der Gesamtleistung in Form elektrischer Energie zugeführt wird. Aus diesen beiden Gleichungen folgt:

$$J_w = \frac{p_g}{p_a + p_g} \frac{\sqrt{2} J_g}{m_2 \sin \frac{\pi}{m_2}}.$$

E_l und J_w sind Effektivwerte; die zugehörigen Amplituden werden im folgenden durch E_l^A und J_w^A dargestellt, so daß für Sinusform:

$$E_l^A = E_g \sin \frac{\pi}{m_2}$$

$$J_w^A = \frac{p_g}{p_a + p_g} \frac{2 J_g}{m_2 \sin \frac{\pi}{m_2}}.$$

Das Übersetzungsverhältnis der Ströme ist somit:

$$u_i' = J_w : \frac{J_g}{2} = \frac{2 J_w}{J_g} = \frac{p_g}{p_a + p_g} \frac{2\sqrt{2}}{m_2 \sin \frac{\pi}{m_2}}.$$

---

[1]) Siehe E. Arnold u. J. L. la Cour, Der Kaskadenumformer.

Um das bei Belastung wirklich auftretende Übersetzungsverhältnis zu erhalten, müssen noch die Leerlaufverluste der Gleichstromseite berücksichtigt werden, so daß bei einem Wechselstrom-Gleichstrom-Kaskadenumformer das wirkliche Übersetzungsverhältnis der Ströme angenähert ist:

$$u_i = \frac{u_i'}{\eta'},$$

wo η' eine Größe von der Ordnung eines Wirkungsgrades ist (also etwas kleiner als eins). Für den Gleichstrom-Wechselstrom-Kaskadenumformer wird in gleicher Weise:

$$u_i = u_i' \eta'.$$

In den meisten Fällen wird aber eine genügende Genauigkeit erreicht, indem wir η' gleich eins setzen.

Wir wollen nun die Verteilung des Stromes bildlich darstellen.

Wir betrachten dazu denjenigen Teil der Armatur, der zwischen zwei aufeinanderfolgenden Anschlußpunkten gelegen ist, der also einer Phase des Rotors entspricht. Die Momentanwerte des Wechselstromes können aus

$$i = J_w^A \sin 2\pi c_r t$$

bestimmt werden, wo c_r die Periodenzahl des Wechselstromes ist. Zur Zeit $t = 0$ ist $i = 0$, und da der Strom ein Wattstrom ist, so ist die induzierte EMK gleich Null, das heißt $t = 0$, wenn die Mitte des betrachteten Teiles der Wicklung gerade die Kommutatorbürste passiert, wie in Fig. 20 für eine zweipolige Anordnung dargestellt ist.

B_1 und B_2 sind die Bürsten, die auf dem Kommutater K schleifen, und a sind die Äquipotentialringe, mit denen Anfang und Ende der betrachteten Phase verbunden sind.

Der Strom $i = J_w^A \sin 2\pi c_r t$ möge nun durch die in Fig. 21 dargestellte Sinuskurve I festgelegt sein. Es wird dann für die sich in der Mitte zwischen den zwei Anschlußpunkten befindende und in der Figur mit O bezeichnete Spule der durch sie fließende Gleichstrom $\frac{J_g}{2}$ gerade im Momente $t = 0$ kommutiert. Dieser Strom kann somit durch die Kurve II von rechteckiger Wellengestalt dargestellt werden.

Die algebraische Differenz der Ströme ergibt dann den resultierenden Strom im Gleichstromanker, d. h. die für die Verluste und die Erwärmung in Betracht kommende Stromstärke. Wenn wir nun das Spiegelbild zur Abzissenachse einer der beiden Stromkurven aufzeichnen, so geben die Ordinaten der zwischen den Stromkurven enthaltenen und in Fig. 22 schraffierten Fläche ein deutliches Bild des Verlaufes dieses resultierenden Stromes.

Numerieren wir jetzt die einzelnen Spulen der betrachteten Phase von der Mitte zu dem einen Anschlußpunkt + 1, + 2, + 3 usw. und zu dem andern Anschlußpunkt — 1, — 2, — 3 usw., wie in Fig. 20 angegeben, so sehen wir, daß der Gleichstrom in den Spulen + 1, + 2, + 3 usw. früher und in den Spulen — 1, — 2, — 3 usw. später kommutiert wird als in der zuerst betrachteten

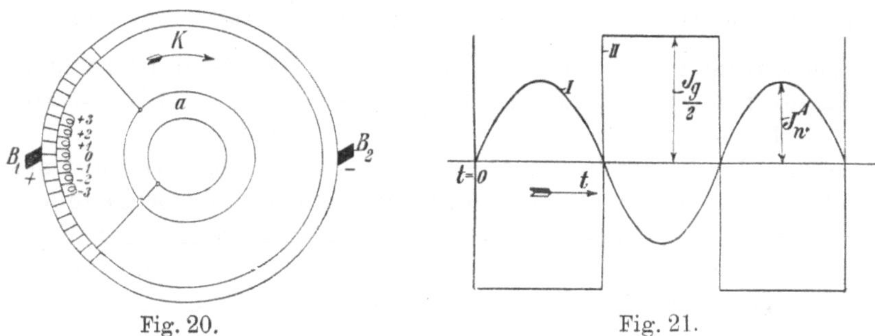

Fig. 20. Fig. 21.

mittleren Spule. Für eine Spule, die z. B. 30 Grad[1]) in der positiven Richtung von der Mitte entfernt ist, wird die relative Lage der beiden Stromkurven für einen Kaskadenumformer mit $p_a = p_g$ und $m_2 = 3$ durch Fig. 23 veranschaulicht, und es ist klar, daß der resultierende Strom und somit auch die Erwärmung für die verschiedenen Spulen verschieden sein wird.

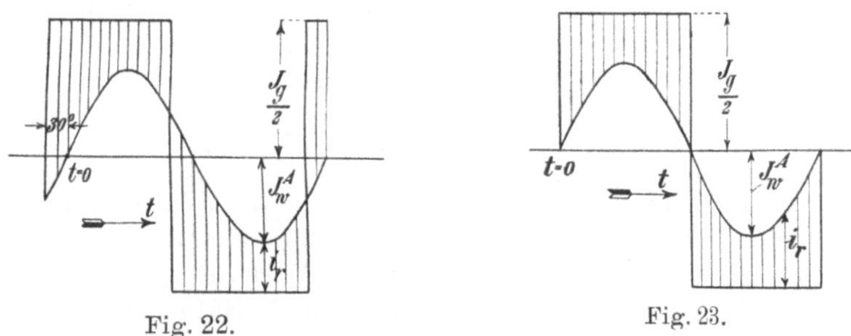

Fig. 22. Fig. 23.

Um ein deutliches Bild von diesen Verhältnissen zu bekommen, ist in Fig. 24 der zeitliche Verlauf des resultierenden Stromes i_r dargestellt für den Fall, daß $p_a = p_g$, $m_2 = 3$ und $\psi = 0$. Es ist ψ der Winkel der Phasenverschiebung zwischen Wechselstrom und Wechselspannung. Die Lage jeder Spule ist durch ihre in Graden gemessene Entfernung α von der mittleren Spule der Phase be-

[1]) Für ein mehrpoliges Schema muß man natürlich mit „elektrischen Graden" rechnen.

stimmt. Es ist in der Figur $\frac{J_g}{2}$ durch eine Länge von 12 mm dargestellt, so daß

$$J_w^A = \frac{p_g}{p_a + p_g} \cdot \frac{2\,J_g}{m_2 \sin\frac{\pi}{m_2}} = 9{,}25 \text{ mm}.$$

Da $m_2 = 3$, so ist der größte Wert von $\alpha = \frac{\pi}{3} = 60^0$, und die resultierende Stromkurve i_r ist gezeichnet für $\alpha = 0$ (die mittlere Spule der Phase), für $\alpha = 60^0$ (die letzte Spule) und für $\alpha = 15^0$, $\alpha = 30^0$ und $\alpha = 45^0$.

Wenn der Wechselstrom phasenverschoben ist ($\psi \gtrless 0$), fällt der Nulldurchgang der Wechselstromkurve nicht in den Augenblick, da die Mitte der Phase die Kommutatorbürste passiert. Phasenverspätung beeinflußt die relative Lage der zwei Stromkurven in derselben Weise wie eine frühere Kommutierung des Gleichstromes, d. h. die relative Lage der Stromkurven für $\alpha = 0$ und $\psi = 15$ wird dieselbe sein, wie für $\alpha = 15$ und $\psi = 0$. Der Nulldurchgang des Wechselstromes findet also im Augenblicke der Kommutierung statt für $\alpha = -15$, $\psi = 15$, auch für $\alpha = -30$, $\psi = 30$ usw., im allgemeinen immer dann, wenn $\alpha + \psi = 0$. Falls die Phasenverschiebung größer ist als $\frac{\pi}{m_2}$, wird es überhaupt keine Spule geben, in der der Strom im Momente $i = 0$ kommutiert wird.

In Fig. 25 ist nun die resultierende Stromkurve dargestellt für $\psi = 30^0$ und $\alpha = -60^0$, -30^0, 0^0, $+30^0$ und $+60^0$.

Die Amplitude des Wechselstromes ist

$$J_A = \frac{J_w^A}{\cos\psi} = \frac{9{,}25}{0{,}866} = 10{,}7 \text{ mm}.$$

Sie ist größer als in Fig. 24, und obwohl die relative Lage der Stromkurven für $\alpha = 0$ und $\psi = 0$ (Fig. 24) dieselbe ist wie für $\alpha = -30$, $\psi = 30$ (Fig. 25), so sind die Verluste also doch verschieden. Es ist bemerkenswert, daß die Verluste in der Spule $\alpha = -30$, $\psi = 30$ kleiner sind als die in der Spule $\alpha = 0$, $\psi = 0$, ein Umstand, der bei Einankerumformern niemals eintreten kann, und den wir später genauer verfolgen werden. Für ein anderes Verhältnis der Polzahlen p_a und p_g und für eine andere Phasenzahl ändert sich die Form der resultierenden Kurve auch etwas, entsprechend dem anderen Wert des Verhältnisses $J^A : \frac{J_g}{2}$. Am wichtigsten ist, daß für einen größeren Wert von m_2 der maximale Wert von $\alpha = \frac{\pi}{m_2}$ heruntergeht. Für $m_2 = 12$ ist z. B. $\alpha_{max} = 15^0$, und

α=0°
α=15°
α=30°
α=45°
α=60°
α=-60°
ψ=30°
α=-30°
ψ=30°
α=0
ψ=30°
α=30°
ψ=30°
α=60°
ψ=30°
i_r
t
0
T
T/2

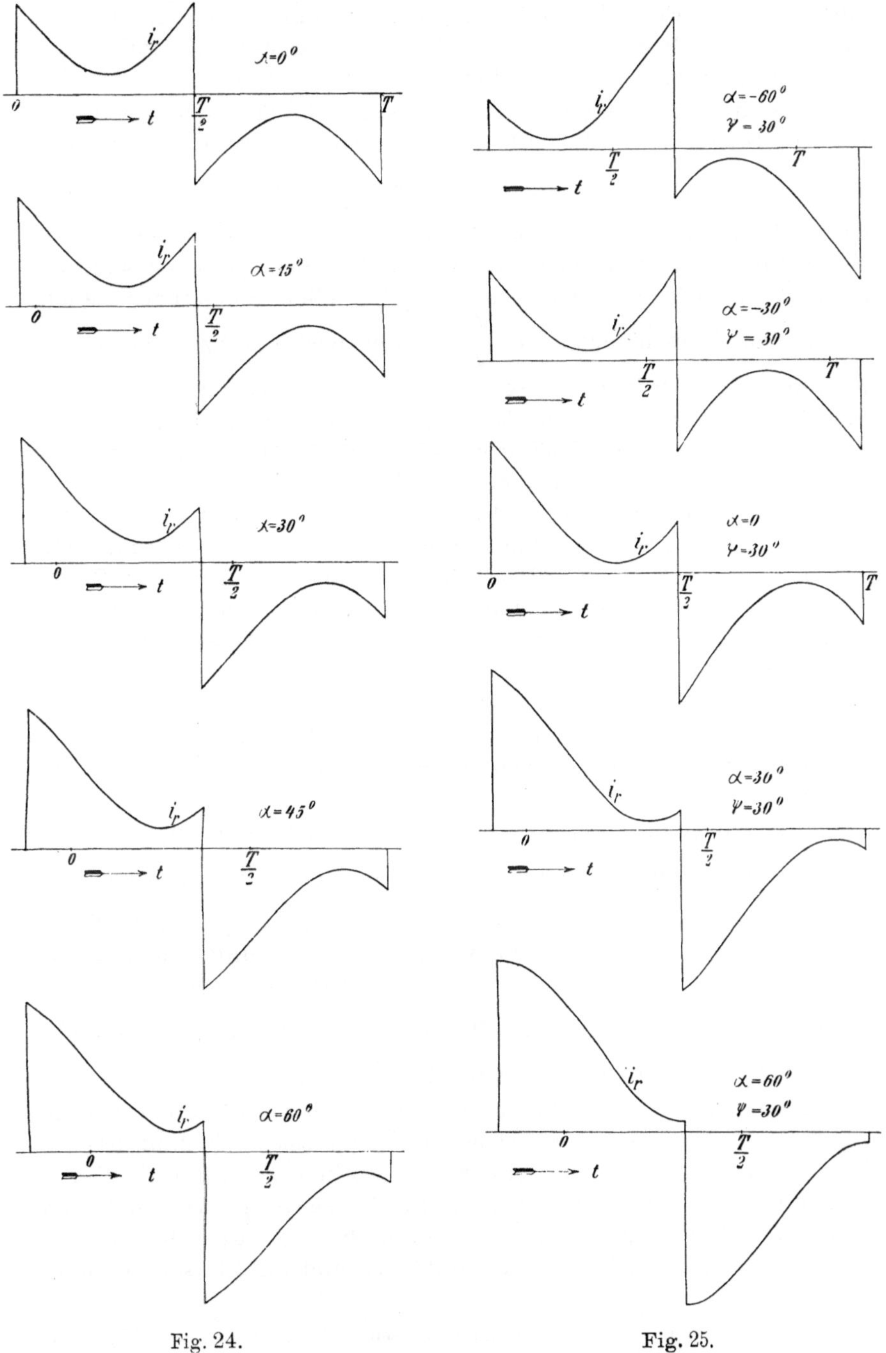

Fig. 24.

Fig. 25.

ein Blick auf Fig. 24 und Fig. 25 genügt, um zu zeigen, daß ein kleiner Maximalwert von α einen besonders günstigen Einfluß auf die resultierende Stromkurve hat.

Aus dem Vorhergehenden ist ersichtlich, daß wir die resultierende Stromkurve für jede Spule erhalten, indem wir zu der Sinuskurve, die den Wechselstrom darstellt, entweder $\frac{J_g}{2}$ addieren oder subtrahieren. Deswegen können sämtliche Ströme einem einzigen Diagramm entnommen werden, indem man zwei Sinuskurven aufzeichnet, die man aus der ursprünglichen Sinuskurve erhält durch eine Verschiebung um $\frac{J_g}{2}$ in der positiven bzw. negativen Richtung der Ordinatenachse. Diese zwei Sinuskurven sind in Fig. 26 aufgetragen für den Fall: $p_a = p_g$, $m_2 = 3$, $\psi = 0$. Für die Spule $\alpha = 0$, wo der Gleichstrom kommutiert wird in dem Augenblick, da der Wechselstrom durch Null geht, wird der resultierende Strom durch die Ordinaten der vertikal schraffierten Fläche gegeben, d. i. durch den Linienzug $o\,a\,z'\,a'\,o'\,z_1''\,o''$ (vgl. Fig. 24, $\alpha = 0$). Für eine Spule, die z. B. 30^0 von der Mitte der Phase gemessen in der Drehrichtung liegt, wo die Kommutation also früher stattfindet, wird die horizontal schraffierte Fläche maßgebend, d. h. der Linienzug $+2+cz'+c'+2'z_1''+2''$ (vgl. Fig. 24, $\alpha = 30^0$).

Für die Spule, die von der Mitte der Phase gemessen 30^0 zurückliegt, kommt der Linienzug $-2-c\,z'-c'-2'\,z_1''-2''$ in Betracht.

Der Übergang von der einen Kurve zur anderen ($+1+b$, $-1-b$ usw.) findet nur über $\frac{\pi}{m_2}$ Grad statt und kann deswegen nur in $z'z_1'$ usw. fallen für Kaskadenumformer mit einphasigem Rotor ($m_2 = 2$)[1]) und eben dann, nur wenn die Bürsten- und Kommutatorlamellenbreite als vernachlässigbar klein angesehen werden. Praktisch liegt $\frac{\pi}{m_2}$ zwischen 15^0 und 20^0, da Kaskadenumformer gewöhnlich mit 12 oder 9 Phasen ausgeführt werden.

Die vorhergehenden Betrachtungen gelten nur für nicht phasenverschobene Wechselströme. Die Phasenverschiebung kann bei der Bestimmung der Übergangsstelle von der einen zur anderen Kurve berücksichtigt werden, indem man für Phasenverspätung sich von 0 in der $+$ Richtung die Kurve entlang bewegt, um den Betrag der in Grad ausgedrückten Verschiebung und für Phasenvoreilung

---

[1]) Für denselben Gleichstrom ist in diesem Falle die Amplitude J_w^A größer.

in der —Richtung. Für den allgemeinen Fall, daß α and ψ beide von Null verschieden sind, bewegt man sich von 0 in der $+$ Richtung bis zu dem Punkte, der um $\alpha + \psi$ von 0 entfernt ist, wo α positiv ist, von der Mitte der Phase aus in der Drehrichtung gemessen, und ψ positiv für Phasenverspätung. Für denselben Wert des Gleichstromes und somit der Wattkomponente des Wechselstromes muß außerdem die Amplitude der Sinuskurve entsprechend dem größeren Werte des totalen Wechselstromes in dem Verhältnisse $\cos \psi : 1$ vergrößert werden.

In Fig. 27 sind nun für den 12-phasigen Kaskadenumformer mit $p_a = p_g$ die Sinuskurven für $\psi = 0$ und $\psi = 30^0$ eingetragen.

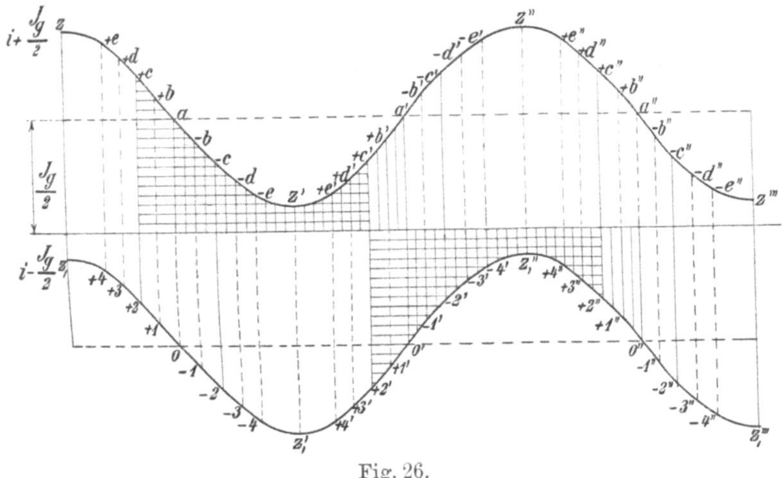

Fig. 26.

Der Übergang von der einen zur anderen Sinuskurve findet für die mittlere Spule jeder Phase und für Phasengleichheit statt bei $o\,a$, $o'\,a'$, $o''\,a''$ usw. (die voll ausgezogenen vertikalen Linien). Für den am häufigsten vorkommenden Fall, daß die Phasenverschiebung etwa 15^0 beträgt, findet der Übergang für die zuerst kommutierende Spule ($\alpha = 15^0$) bei $2c$, $2'c'$, $2''c''$ usw., aber auf der Kurve $\psi = 15$ (in der Figur nicht eingezeichnet) statt; für die letzte Spule der Phase ist $\alpha = -15^0$ und $\psi = 15^0$ und findet der Stromübergang wieder bei $o a$, $o' a'$, $o'' a''$ usw. statt. Für $\psi = 30$ und $m_2 = 12$ findet der Übergang für sämtliche Spulen zwischen $+b$ und $+d$ auf der Kurve $\psi = 30$ statt usw. Wir können nun eine ganze Kurvenschar für verschiedene Werte von ψ einzeichnen, und eine solche Kurvenschar ermöglicht dann die Kurvenform des resultierenden Stromes für irgend eine Spule und für jede Phasenverschiebung gleich aus der Figur herauszugreifen.

Eine übersichlichere Darstellung erhalten wir, wenn wir nach O. J. Ferguson[1]) Polarkoordinaten einführen. Der sinusförmige Strom wird dann durch einen Kreis durch den Ursprung dargestellt, und die zwei zu diesem Kreise äquidistanten Kurven im Abstande $+\frac{J_g}{2}$ und $-\frac{J_g}{2}$ bilden zusammen die unter dem Namen Limaçon bekannte Kurve, wie in Fig. 28 dargestellt für einen Kaskadenumformer mit $p_a = p_g$, $m_2 = 3$ und $\psi = 0$. Für eine Spule, die um den Winkel α von der Phasenmitte entfernt ist, beschreibt der Vektor des resultierenden Stromes für Phasengleichheit die Kurve $A\,B\,O\,B'\,C'\,A$. Da nun die vom Stromvektor durchlaufene

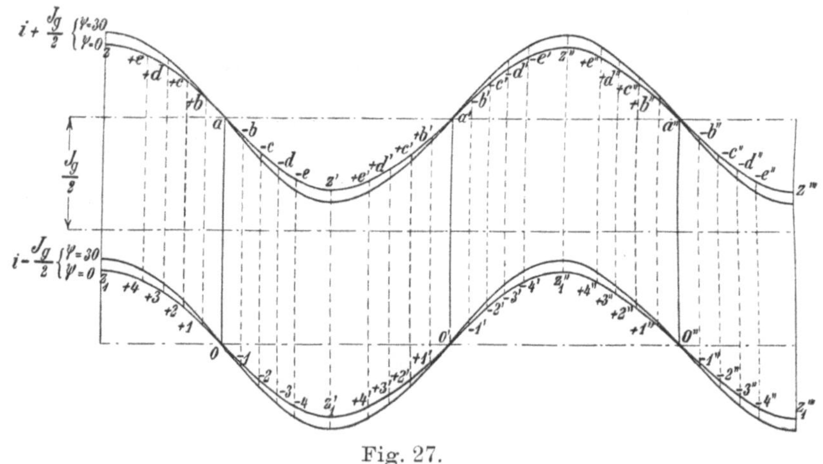

Fig. 27.

und in Fig. 28 schraffiert angegebene Fläche entsprechend dem Quadrate des Vektors variiert, so ist die Fläche ein Maß für den Effektivwert des Stromes[2]) in der betrachteten Spule, also auch für die Kupferverluste und die Erwärmung.

Wenn wir somit die resultierende Stromkurve in dieser Weise darstellen, so bekommen wir nicht nur einen guten Überblick über die ungleiche Verteilung der Verluste über die einzelnen Spulen und somit auch der ungleichen Erwärmung der verschiedenen Teile der Armatur, sondern wir können auch den Einfluß der Phasenzahl und des Verhältnisses $\frac{p_g}{p_a + p_g}$ genau verfolgen. Da die Amplitude des Wechselstromes für denselben Wert des Gleichstromes

[1]) Electrical World 21. Jan. 1909.

[2]) Vgl. auch die allgemein bekannte Konstruktion des Effektivwertes einer periodischen Kurve nach Fleming.

zunimmt mit der Phasenverschiebung, muß für eine jede Phasenverschiebung ein neues Diagramm gezeichnet werden.

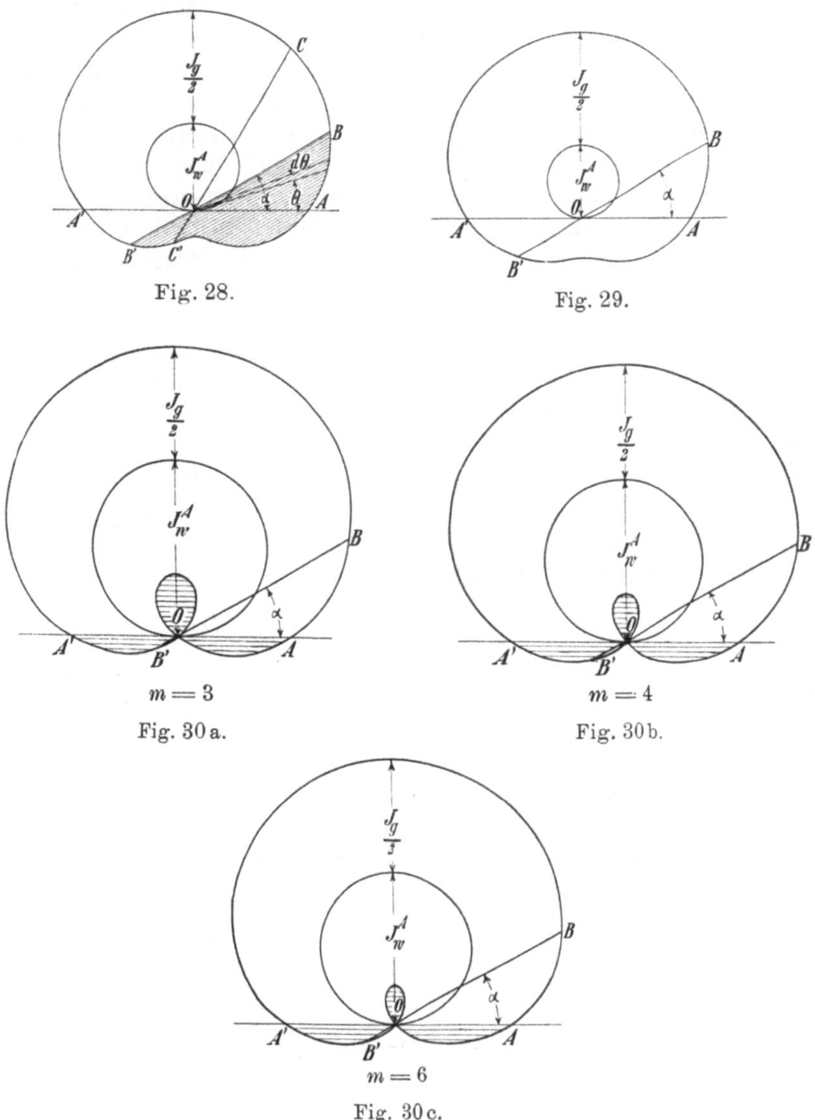

Fig. 28.

Fig. 29.

Fig. 30a.

Fig. 30b.

Fig. 30c.

In Fig. 28 und 29 sind nun die in Fig. 26 und 27 dargestellten Verhältnisse ($p_a = p_g$, $\psi = 0$ und $m_2 = 3$ bzw. 12) in Polarkoordinaten wiedergegeben, und ein Blick auf die beiden Figuren zeigt, daß beim Kaskadenumformer ein ganz interessantes und vielleicht unerwartetes Phänomen auftritt, dem wir beim rotierenden Umformer gar nicht begegnen, nämlich daß die Verluste in entsprechenden Spulen (für gleiches α) des 12-phasigen Kaskadenumformers größer sind als beim 3-phasigen Kaskadenumformer, wobei aber $\alpha_{max} = 15^0$ bei $m_2 = 12$ und $\alpha_{max} = 60^0$ bei $m_2 = 3$ ist. Am besten sieht man das aus den Figuren für die Spulen $\alpha = 0$, $\psi = 0$, wofür die Verluste durch den unter der Linie AA' liegenden Teil der Kurven dargestellt werden. In Fig. 30 sind zum Vergleich die Kurven des 3-, 4- und 6-phasigen rotierenden Umformers (m = Phasenzahl) für $\psi = 0$ dargestellt, und man sieht leicht die bekannte Tatsache, daß die Verluste aller Spulen mit der Vergrößerung der Phasenzahl heruntergehen.

Um nun alle Erscheinungen genauer verfolgen zu können, wollen wir die Formeln aufstellen sowohl für die Verluste in den einzelnen Spulen, als für einen mittleren Verlust. Wir könnten dazu die von E. Arnold und J. L. la Cour in „Die Wechselstromtechnik" IV. Band benutzte Methode verwenden; da wir aber einmal das von O. J. Ferguson für rotierende Umformer eingeführte Polardiagramm benutzt haben, so werden wir hier die Formeln an Hand dieses Diagrammes Fig. 28 ableiten.

Der Inhalt der Kurve $ABOB'C'A$ ist:

$$\int_{\alpha-\pi}^{\alpha} i_r^2\, d\Theta = \int_{\alpha-\pi}^{\alpha} \left(J_w^A \sin\Theta + \frac{J_g}{2}\right)^2 d\Theta$$

und das Quadrat des effektiven Stromes ist:

$$i_{eff}^2 = \frac{\int_{\alpha-\pi}^{\alpha} \left(J_w^A \sin\Theta + \frac{J_g}{2}\right)^2 d\Theta}{\int_{\alpha-\pi}^{\alpha} d\Theta} = \frac{{J_w^A}^2}{2} - \frac{2}{\pi} J_w^A J_g \cos\alpha + \frac{J_g^2}{4}$$

i_{eff} ist somit ein Maß für den Stromwärmeverlust einer Spule, die um den Winkel α von der Phasenmitte entfernt ist.

Der Mittelwert des Stromwärmeverlustes ist somit proportional:

$$J_{eff}^2 = \frac{\int_0^{\frac{\pi}{m_2}} i_{eff}^2\, d\alpha}{\int_0^{\frac{\pi}{m_2}} d\alpha} = \frac{{J_w^A}^2}{2} - \frac{2\, m_2}{\pi^2} J_w^A J_g \sin\frac{\pi}{m_2} + \frac{J_g^2}{4}.$$

Führen wir jetzt den Wert von J_w^A ein:

$$J_w^A = \frac{p_g}{p_a + p_g} \frac{2\, J_g}{m_2 \sin\frac{\pi}{m_2}}$$

so bekommen wir:

$$i_{eff}^2 = \frac{J_g^2}{4}\left[1 + \frac{8}{m_2^2 \sin^2 \frac{\pi}{m_2}}\left(\frac{p_g}{p_a + p_g}\right)^2 - \frac{16}{\pi\, m_2 \sin \frac{\pi}{m_2}}\,\frac{p_g}{p_a + p_g}\cos\alpha\right]$$

und

$$J_{eff}^2 = \frac{J_g^2}{4}\left[1 + \frac{8}{m_2^2 \sin^2 \frac{\pi}{m_2}}\left(\frac{p_g}{p_a + p_g}\right)^2 - \frac{16}{\pi^2}\,\frac{p_g}{p_a + p_g}\right].$$

Wir haben schon gesehen, daß für phasenverschobene Ströme die Verluste in den beiden Phasenhälften verschieden sind, und zwar wird für phasenverspätete Ströme der Teil, der zuerst kommutiert, und für phasenverfrühte Ströme der Teil, der zuletzt kommutiert, die größten Verluste aufweisen. Um den mittleren Verlust zu bekommen für den Fall, daß der Wechselstrom phasenverschoben ist, müssen wir somit das Integral über die ganze Phase erstrecken, so daß für eine Phasenverschiebung ψ die Integrationsgrenzen werden $-\frac{\pi}{m_2} - \psi$ und $+\frac{\pi}{m_2} - \psi$ anstatt 0 und $\frac{\pi}{m_2}$. Außerdem soll in Fig. 28 die Linie BOB', die dem Kommutierungsmoment entspricht, mit OA den Winkel $\psi + \alpha$ einschließen. Wir bekommen dann:

$$J^A = \frac{p_g}{p_a + p_g}\,\frac{2\,J_g}{m_2 \sin \frac{\pi}{m_2} \cos\psi}$$

$$i_{eff}^2 = \frac{J_g^2}{4}\left[1 + \frac{8}{m_2^2 \sin^2 \frac{\pi}{m_2} \cos^2\psi}\left(\frac{p_g}{p_a + p_g}\right)^2 - \frac{16\cos(\alpha + \psi)}{\pi\, m_2 \sin \frac{\pi}{m_2} \cos\psi}\,\frac{p_g}{p_a + p_g}\right]$$

und

$$J_{eff}^2 = \frac{J_g^2}{4}\left[1 + \frac{8}{m_2^2 \sin^2 \frac{\pi}{m_2} \cos^2\psi}\left(\frac{p_g}{p_a + p_g}\right)^2 - \frac{16}{\pi^2}\,\frac{p_g}{p_a + p_g}\right].$$

Der letzte Ausdruck zwischen den Klammern ist die im vorerwähnten Buche von E. Arnold und J. L. la Cour mit ν bezeichneter Größe. Soll der Stromwärmeverlust in der Ankerwicklung derselbe sein wie bei einer Gleichstrommaschine, so kann der Strom des Umformers und somit seine Leistung im Verhältnis $\frac{1}{\sqrt{\nu}}$ erhöht werden. Es ist nun zunächst die Größe $\frac{1}{\sqrt{\nu}}$ aus der Formel

$$\frac{1}{\sqrt{\nu}} = \frac{1}{\sqrt{\frac{8}{m_2^2 \sin^2 \frac{\pi}{m_2} \cos^2 \psi}\left(\frac{p_g}{p_a + p_g}\right)^2 - \frac{16}{\pi^2}\left(\frac{p_g}{p_a + p_g}\right) + 1}}$$

für verschiedene Werte von $\frac{p_g}{p_a + p_g}$, von m_2 und von ψ berechnet worden, und die Resultate sind in Tabelle I—VI zusammengestellt.

Tabelle I.

Werte von $\sqrt{\frac{1}{\nu}}$ für Kaskadenumformer mit $\frac{p_g}{p_a + p_g} = 0{,}3$.

ψ	$\cos \psi$	$m_2 = 3$	$m_2 = 4$	$m_2 = 6$	$m_2 = 9$	$m_2 = 12$	$m_2 = \infty$
0	1,0	1,27	1,29	1,30	1,30	1,30^5	1,30^5
5	0,996	1,27	1,28^5	1,30	1,30	1,30^5	1,30^5
10	0,985	1,26^5	1,28^5	1,29^5	1,30	1,30	1,30^5
15	0,966	1,26^5	1,28	1,29^5	1,29^5	1,30	1,30
20	0,940	1,26	1,27^5	1,29	1,29	1,29^5	1,29^5
25	0,906	1,25	1,27	1,28	1,28^5	1,29	1,29
30	0,866	1,23^5	1,26	1,27	1,27^5	1,28	1,28
45	0,707	1,17^5	1,20	1,22	1,22^5	1,23	1,23
60	0,500	1,03	1,07	1,09^5	1,10^5	1,11	1,11^5

Tabelle II.

Werte von $\sqrt{\frac{1}{\nu}}$ für Kaskadenumformer mit $\frac{p_g}{p_a + p_g} = 0{,}4$.

ψ	$\cos \psi$	$m_2 = 3$	$m_2 = 4$	$m_2 = 6$	$m_2 = 9$	$m_2 = 12$	$m_2 = \infty$
0	1,0	1,36	1,40	1,42	1,43	1,43^5	1,44
5	0,996	1,35^5	1,39^5	1,42	1,43	1,43^5	1,44
10	0,985	1,35	1,39	1,41^5	1,42^5	1,43	1,43^5
15	0,966	1,34	1,38	1,41	1,42	1,42^5	1,43
20	0,940	1,33	1,37	1,39^5	1,40^5	1,41	1,41^5
25	0,906	1,31	1,35	1,38	1,39	1,39^5	1,40
30	0,866	1,28^5	1,33	1,36	1,37	1,37^5	1,38
45	0,707	1,17	1,22	1,25	1,27	1,27^5	1,28
60	0,500	0,95	1,00^5	1,04	1,06	1,06^5	1,07

Tabelle III.

Werte von $\sqrt{\frac{1}{\nu}}$ für Kaskadenumformer mit $\frac{p_g}{p_a + p_g} = 0{,}5$.

ψ	$\cos\psi$	$m_2 = 3$	$m_2 = 4$	$m_2 = 6$	$m_2 = 9$	$m_2 = 12$	$m_2 = \infty$
0	1,0	1,43^5	1,51	1,56	1,58	1,58^5	1,59^5
5	0,996	1,43	1,50^5	1,55^5	1,57^5	1,58	1,59
10	0,985	1,42	1,49^5	1,54^5	1,56^5	1,57	1,58
15	0,966	1,40^5	1,47^5	1,52^5	1,55	1,55^5	1,56^5
20	0,940	1,38	1,45^5	1,50^5	1,52^5	1,53^5	1,54
25	0,906	1,34^5	1,42	1,47^5	1,49^5	1,50	1,51
30	0,866	1,30^5	1,38^5	1,43^5	1,45^5	1,46	1,47
45	0,707	1,13	1,20^5	1,25^5	1,28	1,28^5	1,29^5
60	0,500	0,85^5	0,92	0,96^5	0,98^5	0,99	1,00

Tabelle IV.

Werte von $\sqrt{\frac{1}{\nu}}$ für Kaskadenumformer mit $\frac{p_g}{p_a + p_g} = 0{,}6$.

ψ	$\cos\psi$	$m_2 = 3$	$m_2 = 4$	$m_2 = 6$	$m_2 = 9$	$m_2 = 12$	$m_2 = \infty$
0	1,0	1,49	1,61	1,70	1,74	1,75^5	1,78
5	0,996	1,48^5	1,60	1,69	1,73^5	1,75	1,77
10	0,985	1,46^5	1,59	1,68	1,72	1,73	1,75
15	0,966	1,44	1,56	1,65	1,69	1,70	1,72
20	0,940	1,40	1,52	1,61	1,64^5	1,66	1,67^5
25	0,906	1,35^5	1,47	1,55	1,59	1,60	1,62
30	0,866	1,29^5	1,41	1,49	1,52^5	1,53^5	1,55
45	0,707	1,06^5	1,16	1,22^5	1,26	1,27	1,28
60	0,500	0,76	0,82^5	0,87^5	0,90	0,90^5	0,91^5

Tabelle V.

Werte von $\sqrt{\frac{1}{\nu}}$ für Kaskadenumformer mit $\frac{p_g}{p_a + p_g} = 0{,}67$.

ψ	$\cos\psi$	$m_2 = 3$	$m_2 = 4$	$m_2 = 6$	$m_2 = 9$	$m_2 = 12$	$m_2 = \infty$
0	1,0	1,49^5	1,66	1,78^5	1,84^5	1,86	1,89
5	0,996	1,49	1,65	1,78	1,83^5	1,85^5	1,88^5
10	0,985	1,47	1,62^5	1,75	1,81	1,82^5	1,86
15	0,966	1,43^5	1,59	1,70^5	1,76^5	1,78^5	1,81
20	0,940	1,39	1,53^5	1,65	1,70^5	1,72^5	1,75
25	0,906	1,33	1,47	1,58	1,62^5	1,64^5	1,67
30	0,866	1,26^5	1,39^5	1,49^5	1,54	1,56	1,58
45	0,707	1,01	1,11	1,18^5	1,22	1,23	1,24^5
60	0,500	0,70	0,76	0,81	0,83^5	0,84^5	0,85^5

Tabelle VI.

Werte von $\sqrt{\frac{1}{\nu}}$ für Kaskadenumformer mit $\frac{p_g}{p_a + p_g} = 0{,}75$.

ψ	cos ψ	$m_2 = 3$	$m_2 = 4$	$m_2 = 6$	$m_2 = 9$	$m_2 = 12$	$m_2 = \infty$
0	1,0	1,49	1,69⁵	1,87	1,96	2,00	2,04
5	0,996	1,48	1,68⁵	1,86	1,95	1,98	2,02
10	0,985	1,45⁵	1,65⁵	1,82⁵	1,91	1,94⁵	1,98
15	0,966	1,41⁵	1,60	1,76⁵	1,84⁵	1,88	1,91
20	0,940	1,36	1,54	1,69	1,76	1,79	1,82
25	0,906	1,29	1,46	1,59	1,65⁵	1,68	1,71
30	0,866	1,22	1,37	1,49	1,54⁵	1,57	1,59
45	0,707	0,94⁵	1,05	1,13	1,16⁵	1,18	1,20
60	0,500	0,64	0,70	0,75	0,77	0,78	0,79

Wo in diesen Tabellen 0,966 geschrieben ist, ist die Zahl natürlich bis auf ein Tausendstel genau; die Werte von $\sqrt{\frac{1}{\nu}}$ sind aber nur bis auf ein halb Hundertstel genau, was angedeutet ist: 1,26⁵.

An Hand der oben entwickelten Formeln können wir nun zunächst die früher erwähnte Erscheinung, daß die Verluste in entsprechenden Spulen des 12-phasigen Kaskadenumformers größer sind als die des 3-phasigen Kaskadenumformers, etwas näher betrachten.

Wir haben gefunden, daß der Wert:

$$1 + \frac{8}{m_2^2 \sin^2 \frac{\pi}{m_2} \cos^2 \psi} \left(\frac{p_g}{p_a + p_g}\right)^2 - \frac{16 \cos(\alpha + \psi)}{\pi m_2 \sin \frac{\pi}{m_2} \cos \psi} \frac{p_g}{p_a + p_g}$$

ein Maß ist für die Stromwärmeverluste in einer Spule, die um den Winkel α von der Phasenmitte entfernt ist. Wir können nun ganz allgemein fragen: für welchen Wert von m_2 wird dieser Ausdruck ein Minimum?

Wir haben dann einfach nach m_2 zu differenzieren und finden als Bedingung für Minimumverlust:

$$m_2 \sin \frac{\pi}{m_2} = \frac{\pi}{\cos(\alpha + \psi) \cos \psi} \frac{p_g}{p_a + p_g}.$$

Da α, ψ und $\frac{p_g}{p_a + p_g}$ unabhängige Variabele sind, läßt sich die Bedeutung dieser Gleichung am besten übersehen, indem wir verschiedene Werte für die Variabeln einsetzen. Einer Tabelle für $m_2 \sin \frac{\pi}{m_2}$ für verschiedene Werte von m_2 können wir dann gleich die günstigste Phasenzahl entnehmen. Sobald $\frac{\pi}{\cos(\alpha + \psi)\cos\psi} \frac{p_g}{p_a + p_g}$ größer ist als der Wert von $m_2 \sin\frac{\pi}{m_2}$ für $m_2 = 3{,}5,\ 5,\ 7{,}5,\ 10{,}5$, ist die nächst höhere Phasenzahl, also 4, 6, 9, 12, die günstigste. Es sind deswegen in Tabelle VII die Werte von $m_2 \sin\frac{\pi}{m_2}$ für $m_2 = 3{,}5,\ 5,\ 7{,}5$ und 10,5 auch eingetragen.

Tabelle VII.

m_2	$m_2 \sin\frac{\pi}{m_2}$	m_2	$m_2 \sin\frac{\pi}{m_2}$
3	2,60	7,5	3,05
3,5	2,73	9	3,08
4	2,83	10,5	3,10
5	2,94	12	3,11
6	3,00	∞	3,14

Betrachten wir nun zunächst die mittlere Spule für Phasengleichheit, aber für verschiedene Werte von $\frac{p_g}{p_a + p_g}$. Es ist dann $\alpha = 0$ und $\psi = 0$. In Tabelle VIII sind die Werte von $\frac{\pi}{\cos(\alpha + \psi)\cos\psi} \frac{p_g}{p_a + p_g}$ für verschiedene Werte von $\frac{p_g}{p_a + p_g}$ zusammengestellt, und es ergibt sich das interessante Resultat, daß, solange $\frac{p_g}{p_a + p_g} < 0{,}87$, der 3-phasige Kaskadenumformer am günstigsten ist; für $0{,}87 < \frac{p_g}{p_a + p_g} < 0{,}945$ ist die 4-phasige Anordnung am günstigsten usw. Für $\frac{p_g}{p_a + p_g} = 1$, das heißt für den Einankerumformer, ist natürlich eine unendliche Phasenzahl am besten.

Tabelle VIII.

$\frac{p_g}{p_a + p_g}$	$\frac{\pi}{\cos(\alpha + \psi)\cos\psi} \frac{p_g}{p_a + p_g}$	$\frac{p_g}{p_a + p_g}$	$\frac{\pi}{\cos(\alpha + \psi)\cos\psi} \frac{p_g}{p_a + p_g}$
0,3	0,942	0,828	2,60
0,4	1,255	0,870	2,73
0,5	1,570	0,945	2,94
0,6	1,875	0,970	3,05
0,67	2,11	0,985	3,10
0,75	2,35	1,0	3,14

Ähnliche Resultate ergeben sich für andere Werte von α und ψ. Der Maximalwert von α ist 15^0, solange wir nur entsprechende Spulen des 3-, 4-, 6-, 9- und 12-phasigen Kaskadenumformers vergleichen. Es sind nun die Werte von $\frac{\pi}{\cos(\alpha+\psi)\cos\psi}\,\frac{p_g}{p_a+p_g}$ für $\alpha = 15^0$, $\psi = 0$ und auch für $\alpha = 15^0$, $\psi = 15^0$ in Tabelle IX zusammengestellt.

Tabelle IX.

$\alpha = 15$ und $\psi = 0$		$\alpha = 15$ und $\psi = 15$	
$\frac{p_g}{p_a+p_g}$	$\frac{\pi}{\cos(\alpha+\psi)\cos\psi}\,\frac{p_g}{p_a+p_g}$	$\frac{p_g}{p_a+p_g}$	$\frac{\pi}{\cos(\alpha+\psi)\cos\psi}\,\frac{p_g}{p_a+p_g}$
0,3	0,975	0,3	1,13
0,4	1,300	0,4	1,50
0.5	1,625	0,5	1,88
0,6	1,94	0,6	2,26
0,67	2,19	0,67	2,52
0,75	2,43		
0,84	2,73	0,726	2,73
0,91	2,94	0,782	2,94
0,935	3,05	0,811	3,05
0,95	3,10	0,825	3,10
1,00	3,25	1,00	3,76

Wir sehen somit, daß die Werte sich zwar etwas ändern, und daß schon für etwas niedrigere Werte von $\frac{p_g}{p_a+p_g}$ der 3-phasige Kaskadenumformer nicht mehr am günstigsten ist, aber der Wert von $\frac{p_g}{p_a+p_g}$ liegt sehr hoch, und es läßt sich somit für praktische Verhältnisse ganz allgemein sagen:

Die Verluste in entsprechenden Spulen des Gleichstromankers (d. h. Spulen mit gleichem α) sind am kleinsten, wenn der Rotor mit der niedrigeren Phasenzahl gewickelt ist.

Bedenken wir jetzt, daß einem kleinen m_2 ein großer Wert von α_{max} entspricht, und daß ein großer Wert von α_{max} größere Verluste in den Endspulen der Phasen bedeutet, so ergibt sich, daß das Verhältnis zwischen Maximum- und Minimumverlust (und somit auch Erwärmung) beim vielphasigen Kaskadenumformer aus dem doppelten Grunde heruntergeht, weil nicht nur die Endspulen geringere, sondern die mittleren Spulen zu gleicher Zeit größere Verluste aufweisen.

Wir wollen nun dieses Verhältnis zwischen Maximum- und Minimumverlust in den einzelnen Spulen eines rotierenden Umformers und eines Kaskadenumformers bestimmen für verschiedene Werte von m_2 und ψ, indem wir in unsere allgemeine Formel:

$$1+\frac{8}{m_2^2\sin^2\frac{\pi}{m_2}\cos^2\psi}\left(\frac{p_g}{p_a+p_g}\right)^2-\frac{16}{\pi m_2\sin\frac{\pi}{m_2}}\,\frac{\cos(\alpha+\psi)}{\cos\psi}\,\frac{p_g}{p_a+p_g}$$

die entsprechenden Werte für m_2, ψ, α und $\frac{p_g}{p_a+p_g}$ einführen.

Für den Einankerumformer ist $\frac{p_g}{p_a+p_g}=1$. Für den dreiphasigen Einankerumformer mit $\cos\psi=1$ treten die Minimumverluste in der Spule $\alpha=0$ auf und die Maximumverluste in der Spule $\alpha=60^0$. Für $\psi\gtrless 0$ treten die Minimumverluste nicht mehr in der Spule $\alpha=0$ auf, sondern in der Spule $\alpha=-\psi$. Ist $\psi\geqq\alpha_{max}$, so treten die Minimum- bzw. Maximumverluste in der letzten bzw. ersten Spule auf. Für den 4-phasigen Umformer sind die Grenzen $\alpha=-\psi$ und $\alpha=45^0$, für den 6-phasigen Umformer $\alpha=-\psi$ und $\alpha=30^0$.

Tabelle X.

ψ	Einankerumformer $\frac{p_g}{p_a+p_g}=1$			Kaskadenumformer $\frac{p_g}{p_a+p_g}=0{,}5$		Kaskadenumformer $\frac{p_g}{p_a+p_g}=0{,}6$
	$m_2=3$	$m_2=4$	$m_2=6$	$m_2=9$	$m_2=12$	$m_2=12$
0	5,5	3,8	2,2	1,13	1,07	1,11
10	6,8	5,1	3,1	1,26	1,21	1,31
15	7,4	5,8	3,7	1,4	1,31	1,5
20	7,9	6,4	4,3	1,6	1,4	1,6
25	8,2	7,0	4,9	1,8	1,5	1,8
30	8,3	7,5	5,5	2,0	1,7	2,0
40	7,7	7,0	5,3	2,3	1,9	2,2
45	7,0	6,8	4,7	2,6	2,0	2,3
50	6,1	5,4	4,0	2,8	2,1	2,3
60	4,3	4,0	2,8	2,7	2,1	2,1

In Tabelle X sind nun die so erhaltenen Maximumwerte für den Einankerumformer mit 3, 4 und 6 Phasen und für verschiedene Werte von ψ als Vielfaches des Minimums zusammengestellt und mit den entsprechenden Werten des Kaskadenumformers mit 9 und 12 Phasen verglichen. Die gebrochene Linie quer durch die Tabelle gibt die Grenze $\psi = \alpha_{max}$ an. Für die unter der Linie gelegenen Werte tritt der Minimumverlust in der letzten Spule (bzw. in der ersten für Phasenvoreilung) auf. Der Durchgang des Wechselstroms durch Null fällt in keiner Spule mit dem Kommutierungsaugenblicke zusammen.

Wie ersichtlich, wächst das Verhältnis zwischen Maximum- und Minimumverlust zunächst mit ψ; es geht aber später durch die starke Vergrößerung der Minimumverluste wieder herunter. Das kommt beim Einankerumformer und für $\psi > \alpha_{max}$ am stärksten zum Ausdruck. So sind z. B. für den Dreiphasen-Einankerumformer für $\psi = 60^0$ die Maximumverluste nur 4,3 mal den Minimumverlusten, aber sie sind 35 mal so groß, wie die Minimumverluste für $\psi = 0$. Beim 4-phasigen Einankerumformer geht letztere Zahl auf 31, beim 6-phasigen auf 24 herunter. Für den Kaskadenumformer sind die entsprechenden Zahlen:

für $m_2 = 9$ $p_a = p_g$ 4,06
„ $m_2 = 12$ $p_a = p_g$ 3,63
„ $m_2 = 12$ $p_a = 0{,}6\,p$ 5,36

Die Betrachtung der Tabelle X lehrt uns, daß der Kaskadenumformer die günstige Eigenschaft besitzt, daß die Erwärmung ziemlich gleichmäßig ist, und daß keine besonders großen Verluste gerade da stattfinden, wo die Lötstellen der Rotorverbindungen liegen. Es ist bekannt, daß diese Lötstellen beim rotierenden Umformer öfters Schwierigkeiten bereitet haben, und daß es sich als notwendig herausgestellt hat, diese Verbindungen nicht nur zu verlöten, sondern auch zu vernieten. Das ist beim Kaskadenumformer überflüssig.

Wenn wir uns auf den Fall der Phasengleichheit beim rotierenden Umformer beschränken, was einer Phasenverschiebung von ungefähr 11^0 beim Kaskadenumformer entspricht, so ergibt sich das interessante Resultat, daß beim 4- bzw. 6-phasigen Einankerumformer der Maximumverlust einer Spule 3,8 bzw. 2,2 mal dem Minimumverlust ist, während sich beim normalen 12-phasigen Kaskadenumformer mit $p_a = p_g$ nur eine Differenz von etwa 20 % ergibt.

Es folgt daraus, daß die Werte von $\sqrt{\frac{1}{\nu}}$ für die Bestimmung der Dimensionen des Kaskadenumformers ohne weiteres brauchbar sind, während für den Fall eines rotierenden Umformers die Maschine etwas größer zu bauen ist, entsprechend der ungleichen Verteilung der Verluste.

O. J. Ferguson hat in seiner vorerwähnten Arbeit über rotierende Umformer vorgeschlagen, anstatt den Mittelwert der Verluste über der ganzen Phase zu rechnen, den Mittelwert zu bestimmen über einem bestimmten Bruchteil der Phase (natürlich dem wärmsten Teil). Da man das Mittel sämtlicher Verluste immerhin zur Berechnung des Wirkungsgrades braucht, bedeutet das eine unangenehme Komplikation. Für Einankerumformer erscheint es berechtigt, für Kaskadenumformer ist es nicht nötig.

Wollte man die Rechnung dennoch durchführen, so würde man die Integrationsgrenzen $-\frac{\pi}{m_2}-\psi$ und $+\frac{\pi}{m_2}-\psi$ zu ändern haben zu $\frac{\pi}{m_2}(1-x)-\psi$ und $\frac{\pi}{m_2}-\psi$, wenn x derjenige Bruchteil der halben Phase ist, über dem der Mittelwert berechnet werden soll. Für Phasenverspätung kommt natürlich der Teil, der zuerst kommutiert, in Betracht, während für Phasenvoreilung das andere Ende der Phase am wärmsten wird.

Das Endresultat wird:

$$\nu = 1 + \frac{8}{m_2^2 \sin^2 \frac{\pi}{m_2} \cos^2 \psi} \left(\frac{p_g}{p_a+p_g}\right)^2 -$$

$$-\frac{16}{\pi^2 x} \frac{p_g}{p_a+p_g} \left[1 - \frac{\sin(1-x)\pi}{\sin \frac{\pi}{m_2}} - \operatorname{tg}\psi \left(\operatorname{cotg}\frac{\pi}{m_2} - \frac{\cos\frac{(1-x)\pi}{m_2}}{\sin\frac{\pi}{m_2}}\right)\right],$$

welche Formel natürlich für $x = 2$ in die zuerst abgeleitete übergeht.

Wir haben schon früher gesehen, daß die Verluste in einer Spule der Gleichstromwicklung eines Kaskadenumformers bei Phasenverschiebung kleiner sein können als für Phasengleichheit. Wir wollen uns hier auf die Betrachtung der Spule mit dem Minimumverlust beschränken, d. h. also auf die Spule, wofür $\alpha + \psi = 0$ ist, oder wenn, dem absoluten Werte nach, ψ größer ist als α_{max}, auf die letzte Spule der Phase (bzw. die erste für Phasenvoreilung).

Um herauszufinden, für welche Phasenverschiebung die Verluste in dieser Spule am kleinsten ausfallen, haben wir in der allgemeinen Formel:

$$1+\frac{8}{m_2{}^2\sin^2\frac{\pi}{m_2}\cos^2\psi}\left(\frac{p_g}{p_a+p_g}\right)^2-\frac{16}{\pi m_2\sin\frac{\pi}{m_2}\cos\psi}\cos(\alpha+\psi)\frac{p_g}{p_a+p_g}$$

$\cos(\alpha+\psi)=1$ zu setzen und nach ψ zu differenzieren.

Für den 12-phasigen Kaskadenumformer mit $p_a=p_g$ findet man dann einen Wert für ψ größer als 15^0. Das heißt $-\alpha>15^0$, was nicht möglich ist, wir müssen deswegen die letzte Spule der Phase betrachten und $\cos(\alpha+\psi)=\cos(\psi-15)$ setzen und dann differenzieren. Wir erhalten dann $\psi=27\,{}^1/_2{}^0$.

Die Maximumverluste gehen aber stetig hinauf mit ψ und auch die mittleren Verluste; letztere aber viel weniger schnell als beim Einankerumformer, wo die Verluste in sämtlichen Spulen mit der Phasenverschiebung wachsen. Wir sehen somit, daß die Verluste im Gleichstromanker des Kaskadenumformers und des Einankerumformers sich bei größeren Phasenverschiebungen einander nähern.

Bei weiterer Betrachtung der Tabelle VII sehen wir, daß der Maximumwert von $m_2\sin\frac{\pi}{m_2}=3{,}14$ ist. Für $\alpha=\psi=0$ ist $\frac{\pi}{\cos(\alpha+\psi)\cos\psi}\,\frac{p_g}{p_a+p_g}=3{,}14$ für $\frac{p_g}{p_a+p_g}=1$, das heißt für den rotierenden Umformer; für andere Werte von α und ψ ist $\frac{\pi}{\cos(\alpha+\psi)\cos\psi}\,\frac{p_g}{p_a+p_g}$ nur gleich 3,14 für Werte von $\frac{p_g}{p_a+p_g}$ kleiner als eins, und es ist somit der rotierende Umformer nicht mehr am günstigsten. Es läßt sich nun allgemein fragen: welches Verhältnis $\frac{p_g}{p_a+p_g}$ gibt die kleinsten Verluste in einer bestimmten Spule für verschiedene Werte von m_2? Wir wollen uns aber beschränken auf die Betrachtung des Einflusses dieses Verhältnisses auf den mittleren Verlust, was ja von größerem Interesse ist.

Die mittleren Verluste sind proportional:

$$1+\frac{8}{m_2{}^2\sin^2\frac{\pi}{m_2}\cos^2\psi}\left(\frac{p_g}{p_a+p_g}\right)^2-\frac{16}{\pi^2}\,\frac{p_g}{p_a+p_g}.$$

Wenn wir diesen Ausdruck nach $\frac{p_g}{p_a+p_g}$ differenzieren und gleich Null setzen, bekommen wir die gesuchte Bedingung:

$$\frac{p_g}{p_a+p_g}=\frac{m_2{}^2\sin^2\frac{\pi}{m_2}\cos^2\psi}{\pi^2}.$$

Tabelle XI.

Werte von $\frac{p_g}{p_a+p_g}$ für kleinste mittlere Verluste.

m_2	$\psi=0$	$\psi=5^0$	$\psi=10^0$	$\psi=15^0$	$\psi=20^0$	$\psi=25^0$	$\psi=30^0$	$\psi=45^0$	$\psi=60^0$
3	0,684	0,678	0,663	0,637	0,605	0,561	0,512	0,342	0,171
4	0,810	0,803	0,795	0,755	0,716	0,664	0,607	0,405	0,203
6	0,912	0,905	0,885	0,852	0,806	0,748	0,684	0,456	0,228
9	0,960	0,952	0,931	0,896	0,848	0,787	0,720	0,480	0,240
12	0,976	0,967	0,946	0,910	0,862	0,800	0,731	0,488	0,244
∞	1,0	0,992	0,970	0,933	0,884	0,820	0,750	0,500	0,250

In Tabelle XI sind nun für verschiedene Phasenzahlen und Phasenverschiebungen die aus dieser Formel berechneten Werte zusammengestellt, und wir sehen, daß der Einankerumformer $\left(\frac{p_g}{p_a+p_g}=1\right)$ nur für eine unendliche Phasenzahl und für $\psi=0$ die theoretischen Minimumverluste aufweist. Für alle andern Fälle ist der ideelle Wert von $\frac{p_g}{p_a+p_g}$ kleiner als eins, d. h. der Kaskadenumformer gibt kleinere Verluste. Solange aber die Phasenzahl relativ groß ist und ψ klein, liegt der Wert von $\frac{p_g}{p_a+p_g}$ so hoch, daß man einen solchen Kaskadenumformer aus andern Gründen nicht bauen wird. Für niedrigere Phasenzahlen (und mit rotierenden Umformern ist man aus praktischen Gründen auf 4 bis 6 Phasen beschränkt) und größere Werte von ψ (wenn z. B. die Maschine phasenvoreilenden Strom abgeben soll, um größere phasenverspätete Ströme, die von Induktionsmotoren aufgenommen werden, zu kompensieren) nähert sich das ideelle Verhältnis $\frac{p_g}{p_a+p_g}$ den praktischen Werten.

Wenn man bedenkt, daß der Rotor eines Kaskadenumformers immer 12-phasig ausgeführt werden kann, unabhängig von der primären Phasenzahl, und wenn man die Tabellen I bis VI mit der folgenden Tabelle XII, die die entsprechenden Werte für den Einankerumformer gibt, vergleicht, so sieht man, daß der Kaskadenumformer ungefähr dieselben Verluste aufweist im Gleichstromanker wie der 4-phasige Einankerumformer. Ein Dreiphasen-Einankerumformer ergibt viel ungünstigere Resultate, kann aber immer 6-phasig ausgeführt werden und ergibt dann etwas kleinere Verluste als der Kaskadenumformer.

Tabelle XII.

Werte von $\sqrt{\frac{1}{\nu}}$ für Einankerumformer.

φ	$\cos\varphi$	$m_2 = 3$	$m_2 = 4$	$m_2 = 6$	$m_2 = 9$	$m_2 = 12$	$m_2 = \infty$
0	1,0	1,33	1,62	1,93	2,10	2,19	2,30
5	0,996	1,32	1,60	1,90	2,08	2,16	2,26
10	0,985	1,29	1,56	1,84	2,00	2,07	2,16
15	0,966	1,24	1,49	1,73	1,88	1,93	2,01
20	0,940	1,17	1,41	1,61	1,73	1,77	1,84
25	0,906	1,10	1,29	1,47	1,56	1,60	1,66
30	0,866	1,02	1,18	1,33	1,41	1,43	1,47
45	0,707	0,76	0,85	0,93	0,97	0,98	1,00
60	0,500	0,49	0,54	0,58	0,60	0,61	0,62

Der oben durchgeführte Vergleich entspricht aber nicht ganz den praktischen Verhältnissen. Der Magnetisierungsstrom für die Wechselstromseite wird im allgemeinen von der Gleichstromseite geliefert, und wenn wir einen Einankerumformer mit einem Kaskadenumformer vergleichen wollen, müssen wir also einen um den Magnetisierungsstrom größeren wattlosen Strom im Kaskadenumformer voraussetzen.

Es sind deswegen in Tabelle XIII die Werte von $\sqrt{\frac{1}{\nu}}$ für den rotierenden Umformer und den Kaskadenumformer für verschiedene Verhältnisse $\frac{p_g}{p_a + p_g}$ zusammengestellt für den Fall, daß der voreilende Strom, den beide Maschinen liefern, derselbe ist. Der Magnetisierungsstrom ist zu etwa 20 % angenommen.

Aus praktischen Gründen wird der Einankerumformer aber nur 3,4- oder 6-phasig ausgeführt, während der Kaskadenumformer fast ausschließlich 12-phasig gebaut wird und ein Verhältnis $\frac{p_g}{p_a + p_g} = 0{,}5$ bis 0,6 hat. Es sind deswegen schließlich in Tabelle XIV diejenigen Werte von $\sqrt{\frac{1}{\nu}}$ für Einankerumformer und Kaskadenumformer einander gegenüber gesetzt, die wirklichen praktischen Verhältnissen entsprechen.

Tabelle XIII.

Werte von $\sqrt{\frac{1}{\nu}}$ für verschiedene Werte der Phasenverschiebung φ_1 zwischen Netzspannung und vom Netze aufgenommenem Strome.

		Einanker-Umformer	Kaskadenumformer					
	φ_1	$\frac{p_g}{p_a + p_g} = 1$	$= 0{,}3$	$= 0{,}4$	$= 0{,}5$	$= 0{,}6$	$= 0{,}67$	$= 0{,}75$
$m_2 = 3$	0	1,331	1,26^5	1,35	1,42	1,46^5	1,47	1,45^5
	5	1,320	1,26^5	1,34	1,40^5	1,44	1,43^5	1,41^5
	10	1,298	1,26	1,33	1,38	1,40	1,39	1,36
	15	1,241	1,25	1,31	1,34^5	1,35^5	1,33	1,29
	20	1,173	1,23^5	1,28^5	1,30^5	1,29^5	1,26^5	1,22
$m_2 = 4$	0	1,622	1,28^5	1,39	1,49^5	1,59	1,62^5	1,65^5
	5	1,606	1,28	1,38	1,47^5	1,56	1,59	1,60
	10	1,569	1,27^5	1,37	1,45^5	1,52	1,53^5	1,54
	15	1,496	1,27	1,35	1,42	1,47	1,47	1,46
	20	1,411	1,26	1,33	1,38^5	1,41	1,39^5	1,37
$m_2 = 6$	0	1,93	1,29^5	1,41^5	1,54^5	1,68	1,75	1,82^5
	5	1,90	1,29^5	1,41	1,52^5	1,65	1,70^5	1,76^5
	10	1,84	1,29	1,39^5	1,50^5	1,61	1,65	1,69
	15	1,73	1,28	1,38	1,47^5	1,55	1,58	1,59
	20	1,61	1,27	1,36	1,43^5	1,49	1,49^5	1,49
$m_2 = 9$	0	2,11	1,3	1,42^5	1,56^5	1,72	1,81	1,91
	5	2,08	1,29^5	1,42	1,55	1,69	1,76^5	1,84^5
	10	2,00	1,29	1,40^5	1,52^5	1,64^5	1,70^5	1,76
	15	1,88	1,28^5	1,39	1,49^5	1,59	1,62^5	1,65^5
	20	1,73	1,27^5	1,37	1,45^5	1,52^5	1,54	1,54^5
$m_2 = 12$	0	2,19	1,30	1,43	1,57	1,73	1,82^5	1,94^5
	5	2,16	1,30	1,42^5	1,55^5	1,70	1,78^5	1,88
	10	2,07	1,29^5	1,41	1,53^5	1,66	1,72^5	1,79
	15	1,93	1,29	1,39^5	1,50	1,60	1,64^5	1,68
	20	1,77	1,28	1,39^5	1,46	1,53^5	1,56	1,57
$m_2 = \infty$	0	2,30	1,30^5	1,43^5	1,58	1,75	1,86	1,98
	5	2,26	1,30	1,43	1,56^5	1,72	1,81	1,91
	10	2,16	1,29^5	1,41^5	1,54	1,67^5	1,75	1,82
	15	2,01	1,29	1,40	1,51	1,62	1,67	1,71
	20	1,84	1,28	1,38	1,47	1,55	1,58	1,59

Tabelle XIV.

						Einanker-umformer			Kaskadenumformer $m_2 = 12$	
φ_1	$\cos\varphi_1$	wattloser Strom in %	ψ	$\cos\psi$	wattloser Strom in %	$m_2 = 3$	$m_2 = 4$	$m_2 = 6$	$\frac{p_g}{p_a + p_g} = 0{,}5$	$\frac{p_g}{p_a + p_g} = 0{,}6$
0	1,0	0	11	0,98	20,0	1,33	1,62	1,93	1,57	1,73
5	0,996	8,75	16	0,96	28,8	1,32	1,60	1,90	1,55	1,70
10	0,985	17,6	20	0,94	36,4	1,29	1,56	1,84	1,53	1,66
15	0,966	26,8	25	0,906	46,6	1,24	1,49	1,73	1,50	1,60
20	0,94	36,4	30	0,866	57,8	1,17	1,41	1,61	1,46	1,54

Wir sehen aus Tabelle XIV, daß der Kaskadenumformer mit $\frac{p_g}{p_a + p_g}$ 0,6 nur sehr wenig höhere Verluste aufweist als der Sechsphasen-Einankerumformer, wenn beide einen wattlosen Strom von etwa 30% an das Netz zu liefern haben; und wenn wir weiter in Betracht ziehen, daß der Einankerumformer immer größere höhere harmonische Ströme aufnimmt als der Kaskadenumformer, und daß diese Ströme Verluste verursachen, die in den vorstehenden Berechnungen vernachlässigt worden sind, so dürfen wir mit großer Annäherung sagen:

Ein Kaskadenumformer mit $\frac{p_g}{p_a + p_g} = 0{,}6$ weist die gleichen Verluste in der Gleichstromwicklung auf wie ein Einankerumformer, wenn beide einen wattlosen Strom von etwa 30% an das Netz zu liefern haben.

Bedenken wir ferner, daß die Periodenzahl in der Gleichstrommaschine des Kaskadenumformers nur etwa die Hälfte der Periodenzahl des Einankerumformers ist, so ist es klar, daß die Eisenverluste im Kaskadenumformer kleiner ausfallen werden, und somit werden die gesamten gerechneten Verluste der Gleichstrommaschine des Kaskadenumformers kleiner sein als die des rotierenden Umformers. Der Unterschied im Wirkungsgrad ist somit bedeutend kleiner als die Differenz der Wirkungsgrade eines schnellaufenden Induktionsmotors und eines Transformators. Natürlich sind die Verhältnisse für $\frac{p_g}{p_a + p_g} = 0{,}5$ und $\varphi_1 = 0$ nicht ganz so günstig.

Der Einfluß der Oberströme und Oberfelder auf die Verluste. Wir haben bei der Berechnung der Verluste im Gleichstromanker des Kaskadenumformers sinusförmigen Wechselstrom vorausgesetzt. In der Praxis aber sind die Wechselstromkurven immer mehr oder weniger verzerrt, und es fragt sich, wie die resultierenden Verluste dadurch beeinflußt werden. Wir haben gesehen, daß im ideellen Falle, nämlich, wenn ein rotierender Umformer mit unendlicher Phasenzahl mit sinusförmigem und nicht phasenverschobenem Wechselstrom gespeist wird, immer noch 19% der Verluste bestehen bleiben, oder mit anderen Worten, daß ein solcher Umformer $\sqrt{\frac{1}{0,19}} = 2,3$ mal so hoch belastet werden kann als ein ähnlicher Gleichstromanker für gleiche Gesamtverluste und Erwärmung. Diese Verluste werden durch die in einer rechteckigen Stromkurve enthaltenen höheren Harmonischen verursacht. Es ist somit leicht einzusehen, daß ein nicht sinusförmiger Wechselstrom ganz gut höhere Harmonische besitzen kann, die einen Teil der höheren Harmonischen der rechteckigen Kurve aufheben und somit die Gesamtverluste verringern. Um den günstigsten Einfluß zu erhalten, müßten dann diese Harmonischen keine Phasenverschiebung haben, da ja die höheren Harmonischen einer rechteckigen Kurve gerade durch Null gehen in dem Augenblick, wo die Grundwelle durch Null geht. Wenn eine relative Phasenverschiebung eintritt, entweder dadurch, daß der Wechselstrom phasenverschoben ist, oder daß die Phasenzahl nicht unendlich ist und eine nicht in der Mitte der Phase gelegene Spule betrachtet wird, also $\psi \gtrless 0$ oder $\alpha \gtrless 0$, werden dieselben Harmonischen einander nicht mehr aufheben, und für gewisse Verschiebungen dürften die Verluste sogar einen größeren Wert bekommen, obwohl für die Spule $\alpha + \psi = 0$ die Verluste kleiner ausfallen. Ähnliche Verhältnisse treten ein, wenn die höheren Harmonischen der Wechselstromkurve von vornherein gegen die Grundwelle verschoben liegen.

Eine große Schwierigkeit besteht darin, daß es praktisch sehr schwer ist, die Wechselstromgeneratoren mit einer für rotierende Umformer möglichst günstigen Stromkurve zu bauen, und außerdem ändert sich die Form der Stromkurve wesentlich mit der Belastung. Man hat sich deswegen immer bemüht, Sinusform[1]) anzustreben, besonders da die höheren Harmonischen auch aus anderen Gründen schädlich sind.

Die Kurvenform des Rotorstromes eines Kaskadenumformers hängt nun nicht nur von der auf dem Stator aufgedrückten Spannung ab, sondern auch von der Ausführung der ganzen Wechselstromseite. Es ist aus der Theorie der Asynchronmotoren bekannt, daß das Feld nicht sinusförmig ist aus dem doppelten Grunde, weil die

---

1) Siehe E. Arnold und J. L. la Cour, Die Wechselstromtechnik Bd. III, S. 247 u. f.

Kurve des zugeführten Wechselstromes meistens von der Sinusform abweicht, und weil die räumliche Verteilung der Spulen keine sinusförmige magnetomotorische Kraftkurve bedingt. Wir können somit sagen, daß der sekundäre Strom sowohl Strom als Feldharmonische besitzen wird. Bei den Asynchronmotoren besteht der sekundäre Strom im allgemeinen nicht aus harmonischen Schwingungen und kann somit nicht als ein periodischer Wechselstrom im gewöhnlichen Sinne betrachtet werden. Bei Kaskadenumformern, die genau die halbe Tourenzahl des Drehfeldes laufen, bekommt man aber Sekundärströme, die aus harmonischen Schwingungen bestehen.[1])

Es ist aber auch hier praktisch unmöglich, den Einfluß aller dieser Harmonischen zu berücksichtigen, und die praktische Erfahrung hat gezeigt, daß deren Einfluß nicht groß ist. Für einen bestimmten Fall wäre es übrigens leicht, die Verteilung der Verluste zu studieren. Man braucht dazu nur in der Darstellung der Verluste mittelst Polarkoordinaten den Kreis durch eine Kurve zu ersetzen, die die vorliegende Wechselstromkurve in Polarkoordinaten darstellt; man verfährt dann weiter in genau derselben Weise und findet die Verluste wieder als Abschnitte der limaçonartigen Kurve.

Da der Induktionsmotor verteiltes Eisen und im allgemeinen auch eine größere Reaktanz als ein stationärer Transformator hat, ist es erklärlich, daß der Kaskadenumformer kleinere Oberströme aufnimmt als der rotierende Umformer. Es ist das aber nicht die einzige Erklärung für das Ergebnis der Praxis, daß der Wirkungsgrad des Kaskadenumformers im Betriebe hinter dem berechneten weniger zurückliegt als derjenige des rotierenden Umformers. Wegen der kleineren Periodenzahl sind nämlich die zusätzlichen Verluste in der Gleichstromseite des Kaskadenumformers auch bedeutend kleiner als die im rotierenden Umformer. Diese zusätzlichen Verluste setzen sich aus Wirbelstromverlusten im Magnetsystem, in den Polschuhen, in Ankerkupfer und Ankerzähnen zusammen. Wirbelströme im Magnetsystem werden induziert von den Oberfeldern, die natürlich nicht die gleiche, aber entgegengesetzte Drehgeschwindigkeit des Ankers haben und somit induzierend auf das Magnetsystem wirken. Solche Oberfelder treten sogar auf, wenn der dem Gleichstromanker zugeführte Strom Sinusform hat, wie aus der Theorie des rotierenden Umformers als bekannt vorausgesetzt werden darf.[2])

---

[1]) Für $p_g = {}^4/_3\, p_a$ ist das nicht mehr der Fall.

[2]) Siehe E. Arnold und J. L. la Cour, Die Wechselstromtechnik, Bd. IV, S. 704 u. 705.

Die vorstehenden Überlegungen und Berechnungen haben somit den praktischen Wert, einen besseren Blick in die Ursachen zu gewähren, die zu dem in der Praxis gefundenen Resultat führen, daß der Unterschied im Wirkungsgrad zwischen den beiden oben verglichenen Maschinenklassen nicht so groß ist als anfangs erwartet wurde, und daß für kleinere Belastungen der Kaskadenumformer sogar manchmal einen etwas höheren Wirkungsgrad als der Einankerumformer ergeben hat.

Die Stromwärmeverluste im Gleichstromanker des Einphasenkaskadenumformers. Beim Einphasenkaskadenumformer tritt in der Rotorwicklung, und somit auch in der Umformerwicklung, ein dem Wattstrome gleichgroßer Strom zur Vernichtung des inversen Drehfeldes auf. Dieser Strom hat eine größere Periodenzahl als der Wattstrom und bedingt deswegen einen Stromwärmeverlust im Gleichstromanker proportional

$$\frac{8}{m_2^2 \sin^2 \frac{\pi}{m_2}} \left(\frac{p_g}{p_a + p_g} \right)^2.$$

Die Totalverluste in der Gleichstromwicklung eines Einphasenkaskadenumformers sind somit für eine innere Phasenverschiebung ψ proportional:

$$J_{eff}^2 = \frac{J_g^2}{4} \left[1 + \frac{8}{m_2^2 \sin^2 \frac{\pi}{m_2}} \left(\frac{p_g}{p_a + p_g} \right)^2 \left(1 + \frac{1}{\cos^2 \psi} \right) - \frac{16}{\pi^2} \frac{p_g}{p_a + p_g} \right].$$

Wir nennen den Ausdruck zwischen den Klammern wieder ν; in Tabelle XV sind die Werte $\sqrt{\frac{1}{\nu}}$ für $m_2 = 9$ und $m_2 = 12$ und für verschiedene Werte von $\frac{p_g}{p_a + p_g}$ zusammengestellt und mit den entsprechenden Werten für den Einankerumformer verglichen.

Während der Einphasen-Einankerumformer bedeutend höhere Verluste aufweist als eine gewöhnliche Gleichstrommaschine, ist das somit beim Kaskadenumformer nicht der Fall, weil die Rotorphasenzahl vollständig unabhängig ist von der primären Phasenzahl. Der inverse Strom bedingt aber hohe Verluste, so daß der Wirkungsgrad eines Einphasenkaskadenumformers niedriger ist als der des mehrphasigen Umformers. Der größte Nachteil des Einphasenkaskadenumformers besteht aber wohl darin, daß der Rotor nicht synchron rotiert, und daß deswegen eine Kurzschlußwicklung auf dem Rotor selbst nicht angebracht werden kann, um das inverse Feld unschädlich zu machen und um die Verluste zu einem Minimum herunterzudrücken, wie das bei einphasigen Synchronmotoren und Induktionsmotoren der Fall ist. Deswegen werden auch die Pulsationen des Feldes in der Gleichstrommaschine deutlich bemerkbar sein, und es ist nötig, eine kräftige Dämpferwicklung anzuordnen. Es genügt nicht, die Polschuhe der Hauptpole allein mit Dämpfern zu versehen; diese müssen sich auch über die Kommutierungszone erstrecken, damit die Pulsationen des Feldes die Kommutierung nicht schädlich beeinflussen. Wenn die Maschine mit Kommutierungspolen versehen ist, genügt es, kräftige Kupferringe um die Polschuhe der Hilfspole herumzulegen.

Tabelle XV.

Werte von $\sqrt{\frac{1}{\nu}}$ für Einphasenkaskadenumformer und Einankerumformer.

	Einphasenkaskadenumformer $m_2 = 12$						Einphasen-Einankerumformer
φ	$\frac{p_g}{p_a + p_g} = 0{,}3$	$= 0{,}4$	$= 0{,}5$	$= 0{,}6$	$= 0{,}67$	$= 0{,}75$	$= 1{,}00$
0	1,23	1,27	1,29	1,27	1,23	1,18	0,85
10	1,23	1,27	1,28	1,26	1,22	1,16^5	0,83^5
20	1,22	1,25	1,26	1,23	1,19	1,13	0,78
30	1,20^5	1,23	1,22	1,18	1,13	1,07	0,70
45	1,16	1,15	1,13	1,04	0,98^5	0,92	0,54
60	1,06	0,98^5	0,90^5	0,81^5	0,75	0,68^5	0,37
φ	Einphasenkaskadenumformer $m_2 = 9$						
0	1,22^5	1,27	1,28	1,25	1,22	1,16^5	
10	1,22	1,26^5	1,27^5	1,24^5	1,21	1,15^5	
20	1,21^5	1,25	1,25	1,21^5	1,17^5	1,12	
30	1,20	1,22	1,21	1,17	1,11^5	1,05^5	
45	1,16	1,15	1,10	1,03^5	0,97^5	0,90^5	
60	1,06	0,98^5	0,89^5	0,80^5	0,74	0,68	

Der Einphasenkaskadenumformer hat weniger Vorteile gegenüber dem Motorgenerator als der Mehrphasenkaskadenumformer, und obwohl für die Umformung von einphasigem Wechselstrom in Gleichstrom der Einankerumformer überhaupt nicht in Frage kommt, so wird der Einphasenkaskadenumformer doch nie den großen praktischen Wert erlangen, den der Mehrphasenkaskadenumformer besitzt; wir begnügen uns deswegen mit der Aufstellung vorstehender Tabelle und den oben gemachten Bemerkungen.

VIII. Die Reaktanz des Kaskadenumformers.

Die Reaktanz spielt bei allen elektrischen Maschinen eine große Rolle. Als man anfing die Kommutation von Gleichstrommaschinen genauer zu studieren, erkannte man schon bald, daß die Selbstinduktion der kurzgeschlossenen Spule einen hemmenden Einfluß auf den Stromwechsel hat, und daß deswegen eine genauere Untersuchung und Berechnung ihres Einflusses geboten war. Später haben die großen Fortschritte im Bau von Wechselstrommaschinen besonders zu einer genauen Betrachtung der Frage der Reaktanz geführt.

Bei den Wechselstromgeneratoren hat die Reaktanz einen bedeutenden Einfluß auf den Spannungsabfall, bei den Induktionsmotoren erlangt sie aber eine noch größere Bedeutung, da der Magnetisierungsstrom und die Überlastungsfähigkeit von der Wahl der Reaktanz beeinflußt werden, und es sich bald herausstellte, daß besonders bei langsam laufenden Induktionsmotoren eine sehr genaue Berechnung der Reaktanz nötig ist, wenn der Leistungsfaktor und die Überlastungsfähigkeit für den praktischen Betrieb nicht zu niedrig ausfallen sollen. Die kleine Reaktanz rotierender Umformer hat manchmal zu Schwierigkeiten Anlaß gegeben, nicht nur durch die starke Verzerrung des aufgenommenen Stromes und die daher rührenden vergrößerten Verluste, Neigung zum Pendeln und zu ungünstiger Beeinflussung der Kommutation, sondern auch wegen nicht zufriedenstellender Regulierung der Gleichspannung. Wenn das erforderliche Übersetzungsverhältnis von Wechsel- zur Gleichspannung etwas vom normalen abweicht, nimmt der rotierende Umformer wegen der kleinen Reaktanz zu große wattlose Ströme auf und ergibt im allgemeinen einen nicht befriedigenden Parallelbetrieb mit anderen Maschinen. Um diese Unannehmlichkeiten zu überwinden, sind Drosselspulen verwendet worden, bisweilen mit veränderlicher Reaktanz, oder es sind für Einankerumformer Transformatoren mit speziell hoher Reaktanz ausgeführt worden (Streutransformatoren).

Es ist somit ganz selbstverständlich, daß bei einem Kaskadenumformer, der aus der Zusammenkupplung eines Induktionsmotors und einer teilweise als rotierender Umformer arbeitenden Gleichstrommaschine besteht, und der das eine Mal als Gleichstromgenerator, das andere Mal als Wechselstromgenerator Dienst tut, ganz besonders Rücksicht auf die Reaktanz genommen werden muß, um zu versuchen allen Bedingungen für ein tadelloses Arbeiten möglichst gerecht zu werden.

Wir wollen aus diesem Grunde die Reaktanz der Wechselstromseite des Kaskadenumformers etwas näher betrachten und ihren Einfluß auf die Dimensionierung der Maschine studieren.

Der Kaskadenumformer hat ebenso wie der rotierende Umformer ein bestimmtes Übersetzungsverhältnis, das heißt ein für die fertige Maschine bestimmtes Verhältnis zwischen Gleich- und Wechselspannung mit dem Leistungsfaktor Eins, und wenn man die Gleichspannung durch Änderung der Erregung entweder erhöhen oder herunterbringen will, so nimmt die Maschine phasenverfrühte bzw. phasenverspätete Ströme auf, deren Wert nicht nur von der prozentualen Änderung der Gleichspannung, sondern auch von der Reaktanz der Wechselstromseite abhängig ist. Da es praktisch nun öfters gefordert wird, die Gleichspannung zwischen weiten Grenzen zu ändern, z. B. wenn die Maschine das eine Mal auf ein Lichtnetz arbeitet und das andere Mal eine elektrische Straßenbahn mit Strom versorgen soll, so ist es öfters erwünscht, der Maschine eine hohe Reaktanz zu geben, um den wattlosen Strom klein zu halten. So sind z. B. Kaskadenumformer für eine Spannungsregulierung zwischen 400 und 550 Volt mit Erfolg dem Betriebe übergeben.

Eine Maschine mit zu hoher Reaktanz hat aber zwei Nachteile. Zunächst wird die Überlastungsfähigkeit beeinträchtigt; zwar ist der Kaskadenumformer eine Synchronmaschine und deshalb die maximale Überlast viel größer als bei Asynchronmaschinen, so daß diese Schwierigkeit nicht sobald in Frage kommt, aber anderseits ist er mit Erfolg für Eisenbahnsysteme benutzt worden, wo die momentane Überlast bisweilen abnormal groß ist, so daß man der Sicherheit wegen ungern die Überlastungsfähigkeit zu viel herunterdrückt, um so mehr da die heutzutage mit Kommutierungspolen versehene Gleichstromseite eine früher nie erreichte Überlast erträgt. Aber auch die Dimensionierung der Maschine ist viel schwieriger, wenn eine sehr große Reaktanz erforderlich ist. Man bekommt dann ein schwaches Feld und Wicklungen mit einer großen Anzahl Windungen in Serie, das heißt, die Eisenverluste werden niedrig, die Kupferverluste hoch. Nun gibt das zwar eine günstige Form der Wirkungsgradkurve, indem der Wirkungsgrad bei kleineren Belastungen besonders hoch wird und der maximale Wirkungsgrad bei etwa $^3/_4$ Belastung zu liegen kommt, was ja meistens für den praktischen Betrieb am günstigsten ist, aber wo der Kaskadenumformer diese Eigenschaft schon so wie so gewissermaßen besitzt, ist es nicht wünschenswert, zu weit in dieser Richtung zu gehen. Jedenfalls wird eine Maschine mit hoher elektrischer und niedriger magnetischer Beanspruchung teuer, und das ist um so mehr der Fall, weil ein relativ großer Wert von AS

(Amperestäbe pro cm Umfang) für Hochspannungswicklungen wegen der sehr schweren Kühlung eine sehr kleine Stromdichte bedingt. Es ist deswegen am besten, das AS entsprechend den günstigsten Bedingungen für den Entwurf des Induktionsmotors zu wählen und zu versuchen, die erforderliche Reaktanz auf andere Weise zu bekommen. Eine solche zusätzliche Reaktanz soll, wenn möglich, mit der Belastung heruntergehen, so daß bei kleineren Belastungen der günstige Einfluß einer hohen Reaktanz empfunden wird, während bei hohen Belastungen und besonders bei Überlastungen der kleine Wert der Reaktanzspannung in Frage kommt, und somit die maximale Überlast, die die Maschine ertragen kann, bevor sie außer Tritt fällt, möglichst weit hinausgeschoben wird.

Ein solches Mittel haben wir nun in der Verwendung ganz geschlossener Nuten. Bei richtiger Dimensionierung der Nutenstege kann man erreichen, daß die Reaktanz bei kleinen Belastungen besonders groß ist, daß aber wegen der Sättigung dieser Stege für die Berechnung der maximalen Überlastung ein viel kleinerer Wert in Frage kommt.

Es hat sich in der Praxis ergeben, daß Kaskadenumformer mit ganz geschlossenen Nuten besonders günstige charakteristische Kurven haben, und in Abschnitt IV haben wir schon Gelegenheit gehabt, auf die mechanischen Vorteile hinzuweisen.

Wir wollen nun an Hand einer ausgeführten Maschine, wovon die Versuchsresultate vorliegen, den Einfluß der vollständigen Schließung der Nuten etwas näher betrachten.

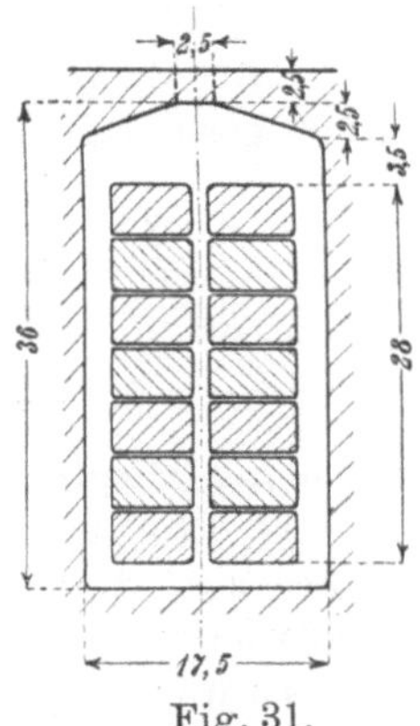

Fig. 31.

Die Gleichstromseite des zu betrachtenden Kaskadenumformers, der für eine niedere Temperaturerhöhung gebaut ist, hat eine Leistung von 50 KW abzugeben und ist überkompoundiert von 500 Volt in Leerlauf bis 550 Volt in Vollast. Die Wechselstromseite ist 3-phasig mit 50 Perioden und 1000 Volt Linienspannung. Der innere Durchmesser des Stators ist 425 mm. Die Eisenlänge ist 258 mm; die Länge zwischen den Endplatten 290 mm. Es sind 48 Nuten von der in Fig. 31 angegebenen Form im Stator vorgesehen, und jede Nute hat 14 Leiter. Es ist $p_a = p_g = 2$. Die Reaktanz einer Statorphase (mit ausgenommenem Rotor) ist somit:[1])

[1]) E. Arnold u. J. L. la Cour, Die Wechselstromtechnik, Bd. IV u. V. λ ist allgemein die auf 1 cm Länge bezogene magnetische Leitfähigkeit. λ_n bezieht sich auf den Kraftfluß der jede einzelne Nute durchsetzt.

$$\lambda_n = 0{,}4\,\pi\left(\frac{28}{52{,}5} + \frac{3{,}5}{17{,}5} + \frac{5}{20} + \frac{2{,}5}{2{,}5}\right) = 2{,}48$$

$$\lambda_k = 0{,}92\left(\log\frac{\pi \times 27{,}8}{2{,}5} + 1{,}35 + 4\log\frac{333}{83{,}4} \times \frac{3}{2}\right) = 5{,}52$$

$$\lambda_s = 0{,}46 \times 4\log\frac{2 \times 680}{182} = 1{,}6$$

$$\frac{l_s}{l_i}\lambda_s = \frac{682}{258}\,1{,}6 = 4{,}22$$

$$\Sigma\lambda = \frac{1}{l_i}\,\Sigma l_x \lambda_x = 2{,}48 + 5{,}52 + 4{,}22 = 12{,}22$$

$$x = \frac{4\pi c w_1^2 l_i}{p_a q 10^8}\,\Sigma\lambda = 3{,}11 \text{ Ohm.}$$

Dieser Wert würde die Reaktanz einer Statorphase sein, wenn der Nutensteg aus Luft statt aus Eisen bestände. Durch den Nutensteg schließt sich aber ein Fluß, der zunächst für sehr kleine Ströme proportional dem Strome zunimmt, aber schon bald wegen der Sättigung weniger schnell als der Strom ansteigt, um später, wenn der Steg vollständig gesättigt ist, nahezu konstant zu bleiben, unabhängig von einer weiteren Vergrößerung des Stromes.

Die EMK, die von dem Maximalwert dieses Flusses induziert wird, ist, wenn die Induktion im Steg bei voller Sättigung auf 22 500 geschätzt wird,

$$E_s' = \frac{4{,}44\,c w_1}{10^8}\,22500\,l_i\,2\,\delta' = \frac{2\,c w_1}{10^3}\,l_i\,\delta'$$

$$= \frac{2 \times 50 \times 112}{1000}\,25{,}8 \times 0{,}25 = 72 \text{ Volt,}$$

wo δ' die Breite des Nutensteges ist.

Die Reaktanzspannung setzt sich somit für nicht zu kleine Ströme aus dem Teil Jx und dem konstanten Wert von 72 Volt zusammen.

Die Messung an der fertigen Maschine hat nun die in Fig. 32 dargestellten Resultate ergeben. Verlängern wir den geraden Teil der Kurve I bis zur Ordinatenachse, so schneidet diese gerade

λ_k bezieht sich auf den Kraftfluß, der von einem Zahnkopf zu einem anderen durch die Luft und das gegenüberliegende Eisen verläuft und eine oder mehrere Nuten umschlingt.

λ_s bezieht sich auf den Kraftfluß, der um die Spulenköpfe verläuft.

l_s ist die Länge eines Spulenkopfes in cm.

l_i ist die ideelle Ankerlänge in cm.

q ist die Nutenzahl pro Pol und Phase.

Linie von der Ordinatenachse den konstanten Teil ab. Dieser ist genau wie gerechnet 72 Volt. Die Tangente des Winkels, den diese

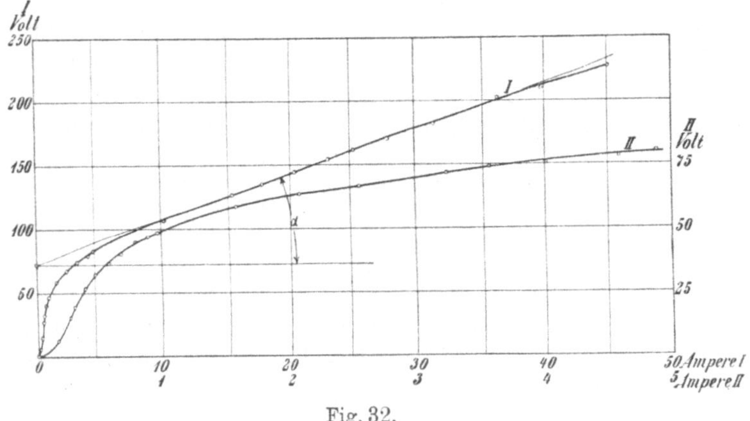

Fig. 32.

Gerade mit der Abszissenachse bildet, ist ein Maß[1]) für die Reaktanz, die wir mit x bezeichnet haben. Es ist somit $x = 3{,}56$ Ohm.

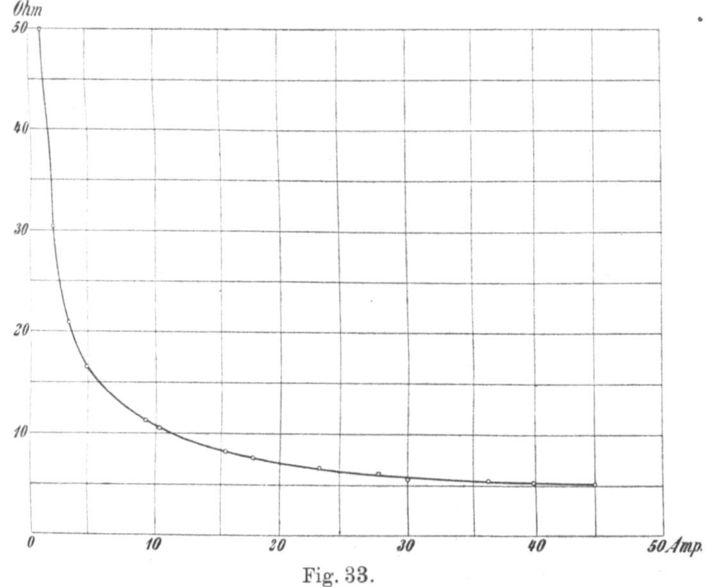

Fig. 33.

Der gemessene Wert ist etwa 14% größer als der gerechnete, was hauptsächlich durch die ungenaue Rechnung der Kopfstreuung zu

[1]) Die verschiedenen Maßstäbe für die Ordinaten- und Abszissenachse sind zu berücksichtigen.

erklären ist. Wegen des konstanten Teiles der Reaktanzspannung nimmt die Reaktanz mit zunehmendem Strome ab, wie Fig. 33 zeigt.

Wenn wir den Rotor in den Stator hineinsetzen, geht die Gesamtreaktanz herunter, weil die Kopfstreuung, die proportional λ_k ist, wegen der kurzgeschlossenen Rotorwicklung heruntergeht. Die Kopfstreuung mit eingesetztem Rotor kann mit Hilfe folgender Werte von λ_k berechnet werden:

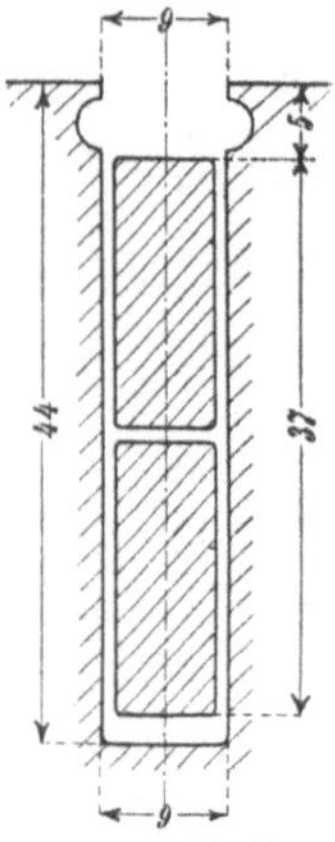

$$\lambda_{ks} = \frac{t_r - o_s - o_r}{6\,\delta},$$

$$\lambda_{kr} = \frac{t_s - o_r - o_s}{6\,\delta},$$

wo λ_{ks} sich auf den Stator und λ_{kr} sich auf den Rotor bezieht. o_s und o_r sind die Öffnungen der Stator- bzw. Rotornuten, bzw. die Längen der Nutenstege, die sich, nachdem Sättigung eingetreten ist, wie Luft verhalten. t_s und t_r sind die Stator- und Rotornutenteilungen.

Fig. 34.

Der Rotor hat 72 offene Nuten von der in Fig. 34 angegebenen Form. Der Luftspalt δ ist 1,25 mm. Die Reaktanz ist somit in diesem Falle[1])

$$\lambda_{ns} = 2{,}48$$

$$\lambda_{ks} = \frac{18{,}45 - 9 - 2{,}5}{7{,}5} 1{,}25 = 1{,}16$$

$$\lambda_{ss} = 0{,}46 \times 4 \log \frac{1{,}5 \times 680}{182} = 1{,}38$$

$$\frac{l_s}{l_i} \lambda_{ss} = \frac{680}{258} 1{,}38 = 3{,}66$$

$$\Sigma\lambda_s = 2{,}48 + 1{,}16 + 3{,}66 = 7{,}30$$

$$\lambda_{nr} = 1{,}25 \left(\frac{37}{27} + \frac{5}{9}\right) = 2{,}41$$

$$\lambda_{kr} = 1{,}25 \left(\frac{18{,}45 - 9}{7{,}5}\right) = 1{,}58\,^{2})$$

$$\lambda_{sr} = 0{,}46 \times 3 \log \frac{1{,}5 \times 542}{128} = 1{,}1$$

$$\frac{l_s}{l_i} \lambda_{sr} = \frac{542}{258} 1{,}1 = 2{,}31$$

---

[1]) Die Buchstaben haben dieselbe Bedeutung wie vorhin; nur sind die Größen, die sich auf den Stator beziehen, mit dem Index s, und die sich auf den Rotor beziehen, mit dem Index r versehen.

[2]) Da $t_s - o_s > t_r$, ist in diesem Falle $t_s - o_s$ durch t_r zu ersetzen.

$$\Sigma\lambda_r = 2{,}41 + 1{,}58 + 2{,}31 = 6{,}3$$

$$\Sigma\lambda = \Sigma\lambda_s + \frac{q_s}{q_r}\Sigma\lambda_r = 11{,}5$$

$$x = \frac{4\pi c w_1^2 l_i}{p q_s 10^8}\Sigma\lambda = 2{,}92 \text{ Ohm.}$$

Auch hier muß zu der Reaktanzspannung Jx der Wert 72 Volt addiert werden; hätten wir auch die Rotornuten geschlossen, so würde der konstante Teil noch größer werden. Da aber die Spulen der Rotorwicklung auf Schablonen gewickelt sind, sind offene Nuten gewählt, und es ist die nötige Reaktanz erhalten durch genügend breite Nutenstege im Stator. Die gemessenen Werte der Reaktanzspannung und der Reaktanz selber sind aus Fig. 35 (Kurve I) und 36 zu ersehen. Der konstante Teil der gemessenen Reaktanzspannung ist natürlich wieder 72 Volt und es rechnet sich x als tg α zu 3,01, also eine viel bessere Übereinstimmung zwischen gemessenem und berechnetem Werte als im vorigen Fall. Das rührt daher, daß λ_k in diesem Falle viel genauer bestimmt werden kann. Auch ist in der Formel für λ_s der Faktor 2 durch 1,5 ersetzt; dadurch wird berücksichtigt, daß die Streuflüsse der Endverbindungen sich wegen der kurzgeschlossenen Rotorwicklung nicht so gut ausbilden können.

Die Reaktanz der Wechselstromseite eines Kaskadenumformers kann gemessen werden, indem man den Kurzschließer einlegt und zu gleicher Zeit die m_2 Verbindungen von der Rotorwicklung zur Gleichstromseite kurzschließt. Für Maschinen mit nur zwei Lagern, wo diese Verbindungen direkt von der einen zur andern Wicklung gehen, kann man sich aber die Mühe sparen, die Verbindungen loszulöten, indem man die Messung vornimmt, nachdem der Kommutator durch eine Drahtbandage kurzgeschlossen worden ist. Die Resultate werden dann innerhalb der erreichbaren Genauigkeit dieselben sein. Schließt man den Kommutator nicht durch eine Drahtbandage kurz, so erhält man um die auf die Statorwicklung reduzierte Reaktanz der Gleichstromwicklung zu hohe Werte; in Fig. 35 ist die so erhaltene Reaktanzspannung als Kurve II eingezeichnet. Während es aber meistens möglich ist, die Messung der Reaktanzspannung mit kurzgeschlossenem Kommutator ohne Rücksicht auf die relative Lage von Stator- und Rotornuten vorzunehmen, so ist das, wenn der Kommutator nicht kurzgeschlossen ist, nicht mehr der Fall. Im ersteren Falle werden drei Amperemeter in den drei Statorphasen nahezu denselben Wert anzeigen, und sind jedenfalls die Ablesungen praktisch unabhängig von der relativen Lage der Nuten; im letzteren Falle dagegen können die Ströme in den drei Phasen sehr verschieden sein, und sie werden von der relativen

Lage der Nuten stark beeinflußt, wie das bekanntlich auch bei gewöhnlichen Induktionsmotoren mit gewickeltem Rotor ($m_2 = 3$) der Fall ist. Es ist dann nötig, den Rotor entgegengesetzt der

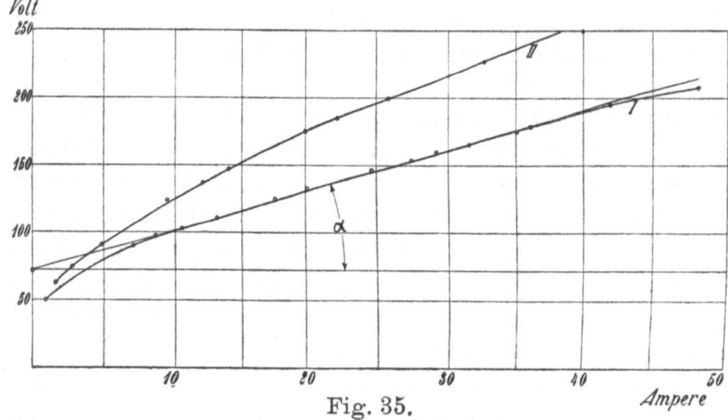

Fig. 35.

Richtung des Drehfeldes anzutreiben; auch läßt sich mit 12-phasigen Rotoren eine ziemliche Genauigkeit erreichen, indem man den Rotor in eine solche Lage bringt, daß die von den verschiedenen Statorphasen aufgenommenen Ströme nahezu gleich sind.

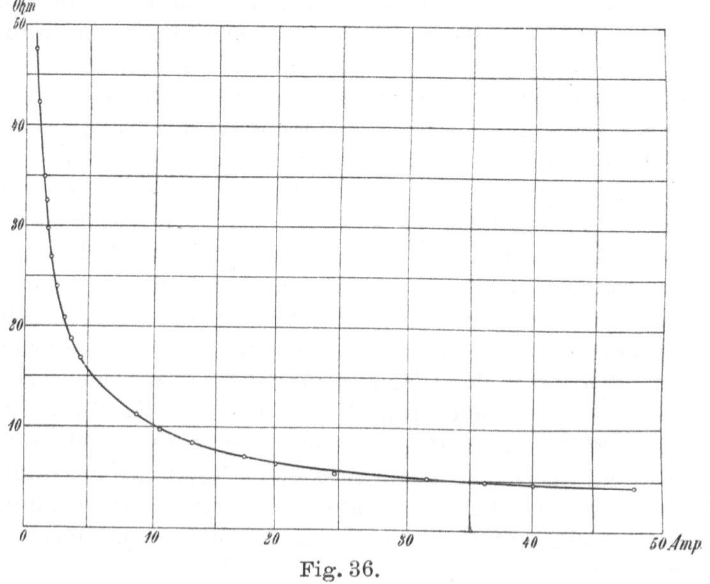

Fig. 36.

Ein einfaches Kurzschließen der Kommutatorbürsten ergibt natürlich keine richtigen Resultate, sondern man bekommt Werte, die irgendwo zwischen den Kurven *I* und *II* der Fig. 35 liegen.

In Fig. 37 ist nun bei veränderlicher Erregung der Gleichstromseite der aufgenommene Wechselstrom als eine Funktion der Gleichspannung für den leerlaufenden Umformer und für verschiedene Wechselspannungen dargestellt. Da die Maschine gebaut ist für das Übersetzungsverhältnis 1000/550, ist der Strom am kleinsten, d. h. der Leistungsfaktor eins, für die Übersetzungsverhältnisse 920/505, 830/455 und 750/410 Volt.

Wegen des großen Wertes der Reaktanz für kleine Werte des Wechselstromes ist der aufgenommene wattlose Strom klein für

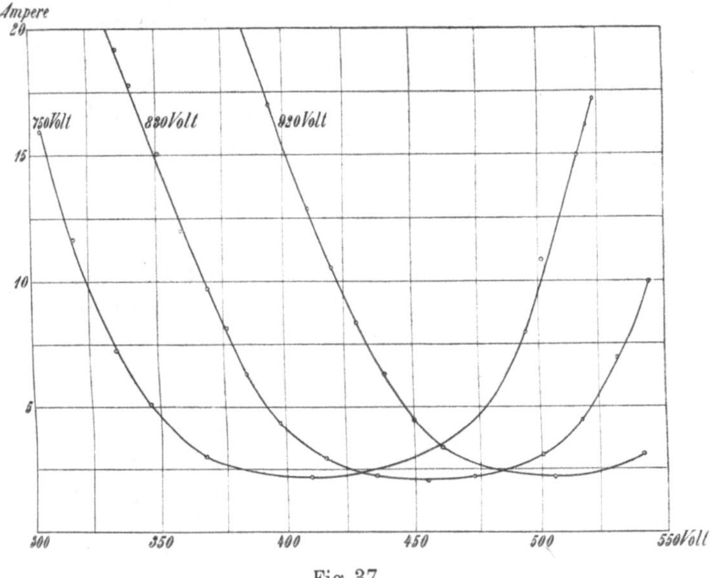

Fig. 37.

relativ große Änderungen der Gleichspannung. Betrachten wir z. B. die Kurve für 750 Volt Klemmenspannung: zu 15 Ampere gehört nach Fig. 35 eine Reaktanzspannung von $1{,}73 \times 117{,}0 = 202$ Volt, so daß die zu erwartende höchste und niedrigste Gleichspannung, der Phasenvoreilung bzw. Phasenverzögerung entsprechend, etwa $410 \times \frac{750 + 202}{750} = 520$ und $410 \times \frac{750 - 202}{750} = 300$ Volt betragen. Die gemessenen Werte sind 516 bzw. 308 Volt. Mit 830 Volt Wechselspannung und 15 Ampere nacheilendem Wechselstrom sollte die Gleichspannung sein $455 \times \frac{628}{830} = 345$ Volt; gemessen ist 350 Volt. Mit 920 Volt und 15 Ampere schließlich sollte die Gleichspannung sein $505 \times \frac{718}{920} = 395$; gemessen ist 402 Volt. Die gemessene

Spannungsänderung ist somit, wie zu erwarten, immer etwas kleiner als die in oben angegebener Weise berechnete; die Differenz ist aber nur 1—2 % der mittleren Spannung, und wir sehen somit, daß diese angenäherte Rechnungsweise[1]) befriedigende Resultate ergibt; jedenfalls ist ersichtlich, daß die wattlosen Ströme sehr viel größer sein würden, wenn wir die Nuten nicht geschlossen hätten. So würde z. B. in diesem Falle dieselbe Reaktanzspannung des Vollastwattstromes schon einen höheren Wert von AS und eine kleinere Überlastungsfähigkeit bedingen, wenn die Nuten nicht geschlossen wären, und dennoch würde der wattlose Strom von 15 Ampere auf 23 hinaufgehen, ebenfalls der wattlose Strom von 5 Ampere auf 15,6 Ampere. Für dieselbe Überlastungsfähigkeit sind die halbgeschlossenen Nuten noch mehr im Nachteil.

Der günstige Einfluß der Nutenschließung macht sich besonders bemerkbar für die leerlaufende und wenig belastete Maschine. Nach etwa Halblast (17 Ampere) geht die Reaktanz zwar noch herunter, aber viel langsamer (Fig. 36). Aus dem Grunde ist die Nutenschließung besonders wichtig für stark überkompoundierte Maschinen, die bei Vollast mit dem Leistungsfaktor eins arbeiten sollen, damit die Speisekabel am besten ausgenutzt werden können, und die dennoch in Leerlauf keine zu großen wattlosen Ströme aufnehmen sollen. Soll eine Maschine z. B. von 500 bis 550 Volt überkompoundieren und bei 550 Volt den Leistungsfaktor eins haben, so ist des inneren Spannungsabfalles wegen die Maschine so zu bauen, daß bei Leerlauf die Gleichspannung ungefähr 575—580 Volt beträgt für den Leistungsfaktor eins. Die Erregung wird aber so eingestellt, daß die Maschine im Leerlauf nur 500 Volt gibt, und diese Spannungsdifferenz von etwa 16 % würde mit einer Reaktanzspannung des Vollastwattstromes von etwa 24 % und offenen Nuten einen wattlosen Strom von 67 % bedingen. Mittels der Nutenschließung ist es aber möglich, diesen Strom bis 25 % herunterzudrücken und dennoch einen günstigen Wert von AS zu verwenden, so daß weder die Erwärmung der Statorwicklung, noch die Überlastungsfähigkeit zu ungünstig beeinflußt werden, durch die Bedingung, daß der wattlose Strom bei Leerlauf nicht zu groß sein soll.

In Fig. 38 ist der aufgenommene Wechselstrom als eine Funktion der Gleichspannung des Umformers für verschiedene Belastungen (22, 33 und 46 Ampere Gleichstrom) sowohl für eine Wechselspannung von 1000 Volt als für eine von 830 Volt aufgetragen.

[1]) Für kleinere Werte des Stromes muß noch in Betracht gezogen werden, daß die Ordinaten der Fig. 37 den totalen Wechselstrom, und nicht den reinen wattlosen Strom darstellen.

Die Kurven sind durch die aufgenommenen Punkte gezogen; wegen der Schwierigkeit die Periodenzahl, die Wechselspannung und die Gleichstrombelastung vollständig konstant zu halten, waren Ungenauigkeiten nicht zu vermeiden. Die Kurven verlaufen natürlich um so flacher, je größer die Belastung ist, und wie ersichtlich, ist die Gleichspannung, für die der Leistungsfaktor eins ist, für eine gegebene Wechselspannung um so kleiner, je größer die Belastung ist. Das rührt vom Spannungsabfalle in der Maschine her.

Wenn der Kaskadenumformer auch als Gleichstrom-Wechselstromumformer zu arbeiten hat, muß man bedenken, daß eine

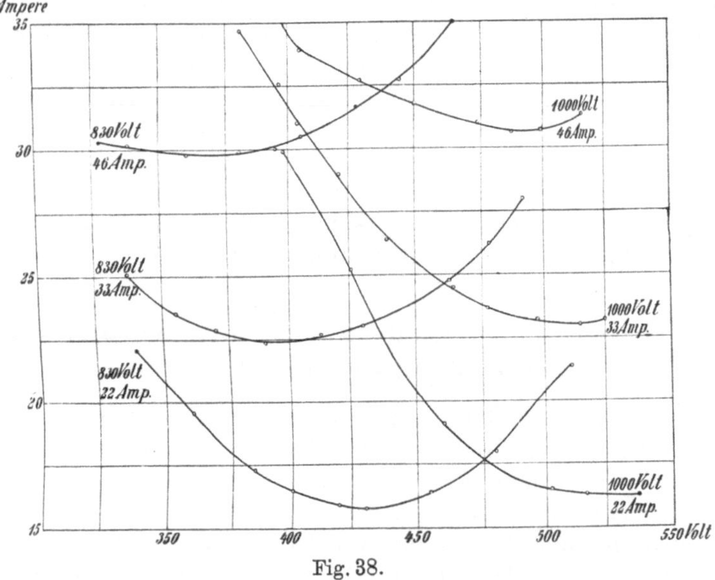

Fig. 38.

große Reaktanz auch einen großen Spannungsabfall[1]) bedeutet, besonders wenn die Maschine auch wattlose Ströme zu liefern hat. Die Tatsache, daß die Reaktanz eines mit geschlossenen Nuten ausgeführten Umformers mit der Belastung heruntergeht, wirkt zwar auch hier günstig, aber es ist öfters nötig, damit der Spannungsabfall nicht zu groß werde, die Reaktanz möglichst klein zu halten. Aus dem Grunde werden solche Umformer mit halbgeschlossenen Nuten ausgeführt.

Hat der Umformer das eine Mal als Gleichstromgenerator, das andere Mal als Wechselstromgenerator zu arbeiten, und sind die Bedingungen für die Regulierung der Gleichspannung schwer,

[1]) Man kann diesen in derselben Weise bestimmen, wie es für Transformatoren üblich ist.

so empfiehlt es sich, eine Zusatzmaschine[1]) zwischen Rotor- und Gleichstromwicklung einzuschalten. Man hat dann den Vorteil, daß im Gleichstrom-Wechselstrombetrieb die Wechselspannung innerhalb gewisser Grenzen reguliert werden kann, und daß im Wechselstrom-Gleichstrombetrieb die Regulierung der Gleichspannung ohne Beeinträchtigung des Leistungsfaktors vorgenommen werden kann.

Einer überkompoundierten Maschine könnte man dann ein solches Übersetzungsverhältnis geben, daß der Leistungsfaktor für Halblast ohne Zusatzmaschine eins wird. Zwischen Leerlauf und Halblast soll die Zusatzmaschine die der Gleichstromwicklung zugeführte Spannung herunterbringen; zwischen Halblast und Vollast dagegen erhöhen. Die Zusatzmaschine ist dazu sowohl mit einer Hauptschluß- als mit einer Nebenschlußwicklung zu versehen. Letztere ist so zu bemessen, daß die richtige Gleichspannung bei Leerlauf mit dem Leistungsfaktor eins erhalten wird; erstere beeinflußt das Feld in umgekehrter Weise und kompensiert die Wirkung der Nebenschlußwicklung für Halblast. Für größere Belastungen überwiegt die Wirkung der Hauptschlußwicklung, so daß der Gleichstromwicklung eine höhere Spannung zugeführt wird.

IX. Einfluß der Form der Feldkurve auf das Übersetzungsverhältnis.

Bei Einanker- und Kaskadenumformern rechnet man gewöhnlich mit einer sinusförmigen Feldkurve; die induzierte EMK hat dann auch (und dann allein) Sinusform. Jede Abweichung der Feldkurve von der Sinusform hat unbedingt ein Auftreten von Oberwellen in der induzierten Wechsel-EMK zur Folge. Obwohl nun die in einer Spule induzierte EMK genau dieselbe Kurvenform hat wie die Feldkurve, so ist die resultierende EMK einer verteilten (oder Nuten-) Wicklung viel weniger verzerrt als die Feldkurve. Das rührt daher, daß die resultierende EMK sich als die geometrische Summe der in den einzelnen Spulen induzierten EMKe ergibt. Bedenkt man, daß die in einer Spule induzierte EMK in ihre Harmonischen zerlegt werden kann und daß die geometrische Summe von Vektoren im allgemeinen um so kleiner ist als die algebraische, je größer die Phasenverschiebung ist, so ist die Erscheinung verständlich. Die in elektrischen Graden ausgedrückte Phasenverschiebung der $n$ten Harmonischen der Spannungskurven zweier Spulen ist doch n mal so groß als die der Grundwelle.

---

[1]) Für weitere Fälle, wo die Verwendung einer Zusatzmaschine nötig ist, siehe Abschnitt XI.

Bedenkt man ferner, daß je nach der Phasenzahl des Umformers gewisse Harmonische überhaupt nicht zum Ausdruck kommen können (z. B. in einem Dreiphasenumformer entstehen bekanntlich keine Ströme der Ordnung drei oder eines Vielfachen von drei), so ist es klar, daß ziemlich große Abweichungen der Feldkurve von der Sinusform zu störenden Abweichungen der Kurvenform der induzierten EMKe keine Veranlassung geben können.

Eine Änderung der Form der Feldkurve bedingt eine Änderung des Verhältnisses der induzierten Gleich- und Wechselspannungen, denn die zwischen den Gleichstrombürsten induzierte EMK hängt nur von dem gesamten Kraftfluß pro Pol ab, während die induzierte Wechselspannung auch von der Verteilung dieses Kraftflusses über den Polbogen abhängt.

Es ist nun der Einfluß der Form der Feldkurve auf dieses Verhältnis sowohl für Einankerumformer, wie für Kaskadenumformer wichtig aus zwei Gründen:

1. weil die Form der Feldkurve je nach dem Verhältnis Polbogen zu Polteilung (α_i) und auch je nach der Form der Polschuhe verschieden ist. Dieser Einfluß ist innerhalb der üblichen Grenzen für α_i klein.[1]) Da das Übersetzungsverhältnis Wechsel-Gleichspannung für eine flache Kurvenform klein und für eine spitze Kurvenform groß ist, so wird einem großen α_i ein kleines Übersetzungsverhältnis entsprechen, und umgekehrt;

2. weil sich die Form der Feldkurve mit der Belastung ändert. Diese Änderung ist eine Folge der verstärkten Erregung und der Ankerrückwirkung. Diese kommt bei Einankerumformern nicht in Betracht, muß aber bei Kaskadenumformern berücksichtigt werden, da ein Teil des Gleichstromes generiert wird, anstatt umgeformt. Da die vom generierten Strome erzeugte Feldverzerrung das Feld spitzer macht, bedeutet das ein Heruntergehen der Gleichspannung, ganz abgesehen davon, daß außerdem die Verzerrung wegen der ungleichen Sättigungen des Eisens noch eine Schwächung bedingt.

Für Maschinen, die einen großen Spannungsabfall haben sollen, ist das sehr günstig. Für Maschinen dagegen, die überkompoundiert werden sollen, bedeutet ein großer Spannungsabfall eine Erhöhung der benötigten Hauptschlußamperewindungen. Es kann in dem Falle günstig sein, den Luftspalt an der Eintrittsseite kleiner zu machen als an der Austrittsseite, so daß die Feldkurve in Leerlauf verzerrt ist, in Vollast dagegen nahezu flach verläuft. Die Maschine wird dann einen kleineren Spannungsabfall haben.

---

[1]) Siehe E. Arnold und J. L. la Cour, Die Wechselstromtechnik Bd. IV, S. 686.

Mit der Einführung der Kommutierungspole hat diese Überlegung ihre Wichtigkeit zum Teil verloren, da man, ohne die Kommutation ungünstig zu beeinflussen, die Bürsten etwas aus der neutralen Zone verschieben und auf diese Weise den gewünschten Spannungsabfall erhalten kann, indem man die Bürsten des Generators in der Drehrichtung verschiebt, oder man kann den Spannungsabfall verkleinern, indem man die Bürsten in entgegengesetzter Richtung verschiebt.

Ist der Kaskadenumformer mit einer Kompensationswicklung versehen, so läßt sich durch eine ungleichmäßige und unsymmetrische Verteilung der Kompensationswicklung[1]) über den Polbogen auch eine Feldverzerrung durch den Belastungsstrom hervorrufen. Man kann z. B. die Kompensationswicklung derart einrichten, daß die Änderung der Feldkurve eine Erhöhung der Gleichspannung der Gleichstrom generierenden Maschine verursacht. Denken wir uns zunächst zwei Wicklungen in den für die Kompensationswicklung in den Polschuhen vorgesehenen Nuten; die eine, innen in den Nuten, ist eine normale Kompensationswicklung, die zweite, an der Polfläche gelegene, ist eine Felddeformierungswicklung (Fig. 39a). Die Kompensationswicklung ändert bekanntlich den Kraftfluß pro Pol nicht, aber wie ist es mit der Felddeformierungswicklung?

In Fig. 39c sind beide Wicklungen 1 und 2 gleichmäßig verteilt gedacht, und nach Fig. 39b ist der von den 6 inneren Windungen der Wicklung 2 erzeugte Fluß proportional $\frac{1}{2} \times 6 \times 6 = 18$, und der von den zwei äußeren Windungen erzeugte proportional $2 \times \frac{6+8}{2} = 14$, es ist also eine kleine gegenkompoundierende Wirkung vorhanden. Durch Vergrößerung der Anzahl der äußeren Windungen können wir eine aufkompoundierende Wirkung erhalten, es ist somit möglich, durch richtige Wahl dieser Wicklung den totalen Kraftfluß unverändert zu lassen. Es ist dazu ein gewisses Verhältnis der Anzahl der inneren und äußeren Windungen nötig. Nennt man die Zahl der inneren Windungen n, die der äußeren m, so muß

$$\tfrac{1}{2} n^2 = n m + \tfrac{1}{2} m^2$$

sein, oder

$$\frac{m}{n} = 0{,}41 \qquad \frac{n}{m} = 2{,}44.$$

Wir sehen ferner, daß die Wicklung der Fig. 39a derjenigen der Fig. 39e äquivalent ist; das Feld wird etwa zu der in Fig. 39d an-

[1]) D. R. P. Nr. 206534.

gegebenen Form deformiert, was einer Vergrößerung der Gleichspannung gleichkommt.

Wir haben gezeigt, daß eine solche Deformierung möglich ist, ohne den Kraftfluß zu ändern; im allgemeinen ist aber für den Parallelbetrieb ein gewisser Spannungsabfall erwünscht. Deswegen gibt man der Felddeformierungswicklung am besten eine gegenkompoundierende Wirkung. Man könnte natürlich zu demselben Zwecke eine gewöhnliche Gegenkompoundwicklung auf den Magneten anordnen, aber das ist nicht so einfach, und außerdem ist da vielleicht schon eine gewöhnliche Kompoundwicklung vorhanden. Es muß hier deutlich zwischen diesen zwei Kompoundwicklungen unterschieden werden. Die Gegenkompoundwicklung dient dazu, den für einen stabilen Betrieb nötigen Spannungsabfall des als Nebenschlußmaschine arbeitenden Kaskadenumformers zu erhalten; sie wird vom vollen Maschinenstrom durchflossen. Der Strom durch die gewöhnliche Kompoundwicklung hängt nicht vom Maschinenstrom, sondern vom Strome der ganzen Station, von der Zahl der laufenden Maschinen und von den Widerständen der verschiedenen Kompoundwicklungen ab, da zwischen den Bürsten und diesen Wicklungen die Ausgleichleitung angeschlossen ist.

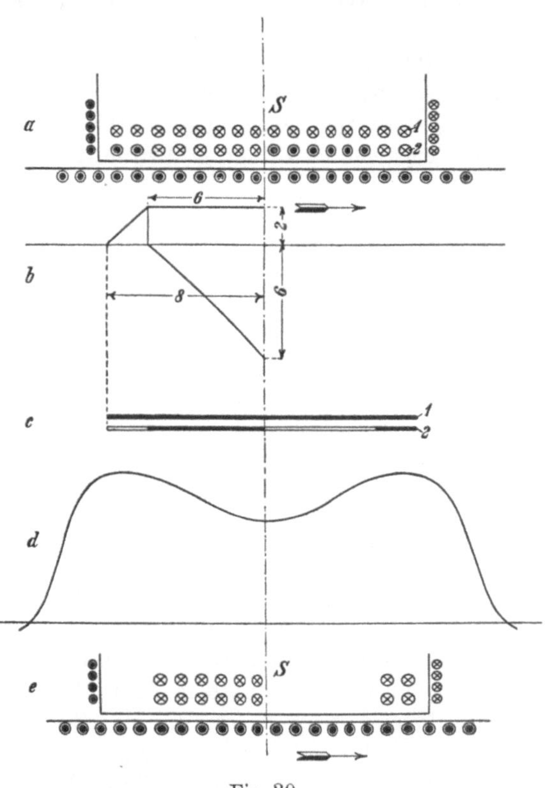

Fig. 39.

Wir wollen also annehmen, daß die Felddeformierungswicklung eine gegenkompoundierende Wirkung hat. Der Zweck der Anordnung ist nun, die Arbeitsweise des umgekehrt laufenden Umformers (der also Gleichstrom in Wechselstrom umformt) zu verbessern. Der Strom im Anker und in der Kompensationswicklung ist nun umgekehrt und Fig. 40 kommt jetzt in Betracht. Die Belastung macht die Feldkurve spitzer und die Wechselspannung geht dadurch hinauf. Der totale Spannungsabfall des als Wechselstromgenerator arbeitenden Umformers wird ermäßigt oder sogar vollständig aufgehoben. Die gegenkompoundierende Wirkung geht nun in eine aufkompoundierende über und der Motor bleibt stabil, obwohl die wattlosen Ströme Neigung haben das Feld zu schwächen.

Es sei hier noch bemerkt, daß es nicht nötig ist, zwei Stäbe pro Nute zu haben; diese Anordnung war nur der einfacheren Besprechung wegen gewählt; die Wicklungen können auch mit einem Stab pro Nute ausgeführt werden, oder mit jeder beliebigen Zahl entsprechend der in Betracht kommenden Stromstärke.

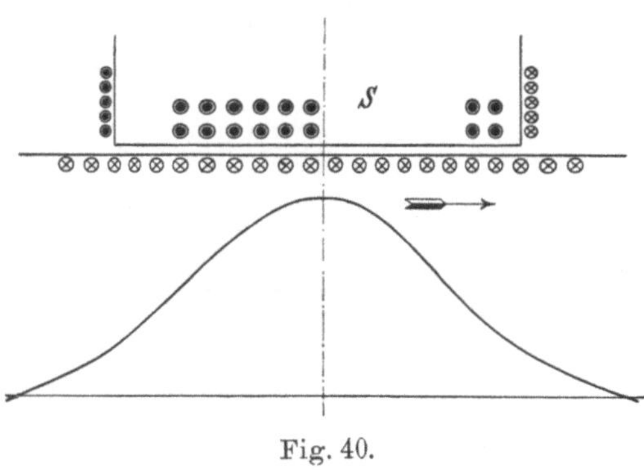

Fig. 40.

Da ein Kaskadenumformer mit Kommutierungspolen immer eine vorzügliche Kommutation hat, und eine Kompensationswicklung zur Erleichterung der Kommutation somit niemals nötig ist, die Maschine aber verteuert, wird die oben beschriebene Anordnung nur selten zur Verwendung kommen, und zwar nur dann, wenn der Umformer Wechselstrom zu generieren hat, und der Leistungsfaktor bedeutend unter eins liegt, aber nicht innerhalb zu weiter Grenzen variiert. Der Spannungsabfall eines normalen Kaskadenumformers könnte in dem Falle zu groß sein, während diese Anordnung billiger ausfällt, als die einer Zusatzmaschine zur Regulierung der Wechselspannung.

Das Interesse an dem Einfluß der Form der Feldkurve ist neuerdings sehr rege geworden durch die Einführung des zuerst von J. L. Woodbridge vorgeschlagenen Spaltpolumformers. Dieser ist bekanntlich ein einfacher Einankerumformer, dessen Magnetkerne in 2 oder 3 Teile aufgeteilt und mit Haupt- und Hilfserregung in der Weise versehen sind, daß eine Änderung der Form der Feldkurve und eine Verschiebung derselben möglich ist. Es wird dadurch eine Regulierung der Gleichspannung zwischen ziemlich weiten Grenzen ermöglicht, ohne Aufnahme großer wattloser Ströme. Auch für den umgekehrten Betrieb, wo der Umformer Wechselstrom generiert, hat die Anordnung den Vorteil eine Regulierung der Wechselspannung zu ermöglichen.

Es wurde anfangs befürchtet, daß die Änderung der Form der Feldkurve die Kurvenform des Umformerstromes zu ungünstig beeinflussen würde. Aus den Seite 64 angegebenen Gründen ist jedoch eine ziemlich große Deformierung der Feldkurve möglich, bevor die Oberwellen den Betrieb schädigen. Immerhin muß man möglichst darauf achten, die Deformierung durch Aufdrückung derjenigen Harmonischen zu erreichen, die in dem betreffenden Mehrphasensystem zwar in der Phasenspannung vorkommen, sich aber in der verketteten Spannung neutralisieren. Dadurch wird eine bessere Übereinstimmung zwischen induzierter EMK und aufgedrückter Spannung erreicht, was natürlich einen kleineren aus Oberwellen zusammengesetzten Strom bedeutet. So muß z. B. in einem Dreiphasen-Spaltpolumformer die dritte Harmonische zur Verwendung kommen, die fünfte und siebente Harmonische aber so weit als möglich vermieden werden.

Eine größere Änderung des Verhältnisses Wechselspannung zur Gleichspannung ohne zu starke Deformierung kann jedoch durch die Verschiebung der ganzen Feldkurve erreicht werden. Das kommt ja mit einer Bürstenverschiebung und somit mit einem Heruntergehen der Gleichspannung überein; die Verschiebung des magnetischen Feldes hat der Bürstenverschiebung gegenüber jedoch den Vorteil, daß die Bürsten immer dem großen Luftraum zwischen den Polen gegenüberstehen. Aus dem Grunde ist die von J. L. Woodbridge angegebene Anordnung des dreiteiligen Magnetsystems, die hauptsächlich die Deformierung der Feldkurve anstrebt, von J. L. Burnham in die zweiteilige Anordnung geändert, die in einfachster Weise die Verschiebung des Feldes bewirkt.

Obwohl nun durch diese Anordnungen der ungünstige Einfluß der Oberwellen gemäßigt wird, und bei richtiger Dimensionierung sogar die Kommutation nicht viel gegen die des gewöhnlichen Einankerumformers zurücksteht, so wird der Spaltpolumformer doch empfindlicher sein als der normale Einankerumformer und größere Sorgfalt in seiner Dimensionierung erfordern. Fügt man hinzu, daß die zusätzlichen Verluste im Ankereisen und Kupfer größer ausfallen als beim normalen Umformer, daß auch die Hilfserregerwicklung Verluste mit sich bringt, und daß schließlich die Dimensionen des Spaltpolumformers etwas größer ausfallen als die des normalen Umformers für dieselbe Regulierung der Gleichspannung, wenn diese durch Änderung der Wechselspannung erhalten wird, so sieht man, daß der Vorteile des Spaltpolumformers vor dem einfachen Einankerumformer mit Zusatzmaschine nicht viele sein können. Außerdem kann der Spaltpolumformer nur für große Polteilungen, bzw. kleine Periodenzahlen in Betracht kommen, weil für die Felddeformationswicklung bei kleinerer Polteilung kein Platz vorhanden ist.

Wenn der endgültige Vorteil einer speziellen Anordnung des Magnetgestells bei den Einankerumformern also klein oder sogar zweifelhaft ist, ist es verständlich, daß sie bei dem Kaskadenumformer, wo sie übrigens in genau derselben Weise angebracht werden kann, überhaupt keine Vorteile bietet. Die Regulierung der Gleichspannung des einfachen Kaskadenumformers (ohne Zusatzmaschine) ist nicht nur in viel weiteren Grenzen möglich als bei dem Einankerumformer, so daß der Bedarf spezieller Hilfsmittel nicht so bald vorliegt, sondern der Kaskadenumformer eignet sich auch viel besser für die Verwendung einer Zusatzmaschine als der Einankerumformer.

Wenn für hohe Periodenzahlen (und beim Vergleich eines Einankerumformers mit einem Kaskadenumformer handelt es sich hauptsächlich um solche) die Polzahl des rotierenden Umformers schon bedenklich hoch wird, muß das um so mehr der Fall sein mit der kleinen Zusatzmaschine (vgl. Abschn. II), die dieselbe Polzahl haben muß als die Hauptmaschine. Zusatzmaschinen für hochperiodische Einankerumformer werden deswegen womöglich vermieden, und es ist leicht erklärlich, daß man nach anderen Mitteln gesucht hat, um dasselbe Resultat zu erreichen.

Das ist aber beim Kaskadenumformer nicht der Fall. Die Polzahl der Zusatzmaschine ist nur etwa halb so groß, als sie für einen Einankerumformer sein müßte. Auf Grund vorstehender Überlegungen können wir somit sagen:

Für sehr niedere Periodenzahlen ist der normale Einankerumformer mit Zusatzmaschine dem Spaltpolumformer überlegen; dieser kommt für mittlere Periodenzahlen in Betracht; für größere Leistungen bietet der Kaskadenumformer jedoch gewisse Vorteile; für hohe Periodenzahlen ist der Kaskadenumformer, eventuell mit Zusatzmaschine, dem Einankerumformer und Spaltpolumformer vorzuziehen.

Der Kaskadenumformer mit Zusatzmaschine ist dem Spaltpolkaskadenumformer in jeder Hinsicht überlegen.

X. Die Verwendung des Kaskadenumformers zur Speisung von Dreileiternetzen.

In vielen Fällen ist es erwünscht, die Spannung der Gleichstromgeneratoren, wenn sie nicht ausschließlich für Bahnzwecke verwendet werden, zu teilen. Dazu werden Akkumulatorenbatterien, verschiedene Systeme von Ausgleichmaschinen, die von Dolivo-

Dobrowolsky[1]) angegebene Methode mit Hilfstransformatoren (Drosselspulen) benutzt, oder es kann die Gleichstrommaschine selbst durch eine besondere Konstruktion[2]) zur direkten Erzeugung verschiedener Spannungen geeignet gemacht werden.

Ähnlich der von Dolivo-Dobrowolsky angegebenen Methode, aber in besserer Weise, kann für den Kaskadenumformer ohne jegliche Komplikation die Gleichspannung geteilt werden, da die Gleichstromwicklung so wie so mit einer m_2-phasigen und in Stern geschalteten Rotorwicklung verbunden ist. Die Schleifringe, die für das Anlassen nötig sind, können auch für den Mittelleiterstrom benutzt werden. Ist der Ausgleichstrom nicht sehr groß, so kann man den Mittelleiter durch einen Schalter mit nur einem der Schleifringe verbinden. Ist der Ausgleichstrom groß, so empfiehlt es sich, den Strom über die Bürsten aller Schleifringe zu verteilen. Man kann dazu den Mittelleiter am Sternpunkt des Anlassers anschließen oder auch einen dreipoligen Umschalter anordnen, wie Fig. 1 zeigt, die das vollständige Schema der Verbindungen eines Dreileiter-Kaskadenumformers darstellt. Die letztere Anordnung hat den Vorteil, daß der Ausgleichstrom nicht durch die Kontakte des Anlassers zu gehen hat, und daß außerdem der Anlasser während des Betriebes nicht unter Spannung steht.

Ein sehr großer Teil der in Betrieb befindlichen Kaskadenumformer arbeitet auf ein Dreileitersystem, und es hat sich gezeigt, daß die Spannungsdifferenz der beiden Netzhälften eine besonders kleine ist, was ja auch wegen der großen Zahl der Rotorphasen zu erwarten ist.

Wir können diese Spannungsdifferenz in einem 12-phasigen Kaskadenumformer an Hand der Fig. 41 berechnen. Solange die Belastung der beiden Netzhälften gleich ist, ist auch der Spannungsabfall gleich; werden sie aber ungleich belastet, so lagert sich über den Wechselstrom in Rotor- und Ankerwicklung noch der Gleichstrom des Mittelleiters, und es tritt ein Spannungsunterschied zwischen den beiden Netzhälften auf, der nur von der Differenz der Belastungen der Netzhälften abhängt. Wir können diesen Spannungsunterschied somit berechnen, indem wir die Maschine mit dem Ausgleichstrom allein belastet denken. Aus der Symmetrie der Anordnung folgt dann, daß die Ströme in diametral einander gegenüberliegenden Rotorphasen gleich sind. Es sind die sechs unbekannten Rotorströme in Fig. 41 mit J_1, J_2, J_3, J_4, J_5 und J_6 bezeichnet. Die Figur ist gezeichnet für den Augenblick, in dem die

[1]) ETZ 1894, S. 323.

[2]) Dettmar ETZ 1897, S. 55 u. 230. C M.B. Auto-Converter, Electrician 9. July 1909.

Rotorphase 1 den Winkel α mit der Linie durch die Bürsten bildet. Der Widerstand der Strecke $A B_1$ ist

$$x = \frac{\alpha}{\pi} 2 R_a = \frac{6\alpha}{\pi} r,$$

wo R_a den Widerstand der Gleichstromwicklung bedeutet und r den Widerstand des zwischen zwei Anschlußpunkten gelegenen Teiles der Gleichstromwicklung. Der Strom in $A B_1$ sei i_a; er ist eine Funktion von α; der Strom in $B B_1$ ist dann $J - i_a$, wenn der Ausgleichstrom (d. h. der Strom im Mittelleiter) $2\,J$ ist. Die Ströme in allen Teilen der Gleichstromwicklung können nun leicht durch J, i_a und die Rotorströme ausgedrückt werden. Der Spannungsabfall zwischen B_1 und 0 ist verschieden je nach der relativen Lage der Rotorphasen und der Linie, die die Bürsten $B_1\,B_2$ verbindet, und wird ausgedrückt durch:

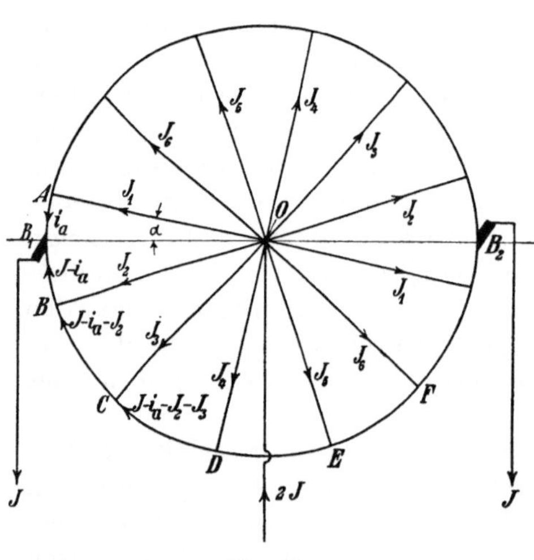

Fig. 41.

$$J_1 R + i_a x,$$

wo R den Widerstand einer Rotorphase bedeutet. Den Mittelwert erhalten wir, indem wir das Integral rechnen zwischen den Grenzen $\alpha = 0$ und $\alpha = \frac{\pi}{6}$ oder $x = 0$ und $x = r$, also:

$$\text{Spannungsabfall } O B_1 = e = \frac{6}{\pi} \int_0^{\frac{\pi}{6}} (J_1 R + i_a x)\, dx = \frac{1}{r} \int_0^{r} (J_i R + i_a x)\, dx.$$

Wie J_1 und i_a sich mit x ändern, kann aus den Kirchhoffschen Gleichungen für die geschlossenen Kreise OAB, OBC, OCD usw. berechnet werden, indem wir ferner in Betracht ziehen, daß:

$$J = J_1 + J_2 + J_3 + J_4 + J_5 + J_6.$$

Die Kirchhoffschen Gleichungen sind:

$$i_a x + (J - i_a)(x - r) - J_2 R + J_1 R = 0$$
$$J_2 R + (J_2 + i_a - J)\; r - J_3 R = 0$$
$$J_3 R + (J_3 + J_2 + i_a - J)\, r - J_4 R = 0$$

$$J_4 R + (J_4 + J_3 + J_2 + i_a - J) r - J_5 R = 0$$
$$J_5 R + (J_5 + J_4 + J_3 + J_2 + i_a - J) r - J_6 R = 0$$
$$J_6 R + (J_6 + J_5 + J_4 + J_3 + J_2 + i_a - J) r - J_1 R = 0.$$

Für $m_2 < 12$ wird die Rechnung natürlich viel einfacher. Nur für $m_2 = 2$ ist die Spannungsdifferenz zwischen den beiden Netzhälften $(2e)$ eine lineare Funktion von R_a und R, aber mit sehr großer Annäherung kann man $2e$ für verschiedene Werte von m_2 aus der folgenden Formel berechnen:

$$2e = 2J\left(\frac{2}{m_2} R + k R_a\right).$$

k ist ein Faktor, der nur von m_2 abhängt; in nachstehender Tabelle sind einige Werte von k und m_2 zusammengestellt.

m_2	k
2	$1/3$
3	$1/4$
4	$1/5$
6	$2/11$
12	$1/6$

Ein 250 KW- und ein 500 KW-Kaskadenumformer für 500 Volt (jeder hatte 12 Rotorphasen) wurden in der Weise untersucht, daß die eine Netzhälfte ganz unbelastet war, während der Strom in der anderen Hälfte allmählich von 0 auf 480 bzw. 1050 Ampere gebracht wurde. Es ist zu bemerken, daß die Wicklungen der Kommutierungspole derart waren, daß die Erregung immer der jeweiligen Belastung entsprach, unabhängig davon, ob die beiden Netzhälften gleich oder ungleich belastet waren. Die Kommutation war dann auch eine vorzügliche, sogar mit 480 bzw. 1050 Ampere im Mittelleiter.

Fig. 42 zeigt die Versuchsresultate. Kurve I bezieht sich auf den 250 KW-Umformer, Kurve II auf den 500 KW-Umformer. Die Ordinaten geben $2e$ in Volt, die Abszissen den Ausgleichstrom in Ampere. Der Spannungsunterschied ist größer als der aus der vorhergehenden Formel

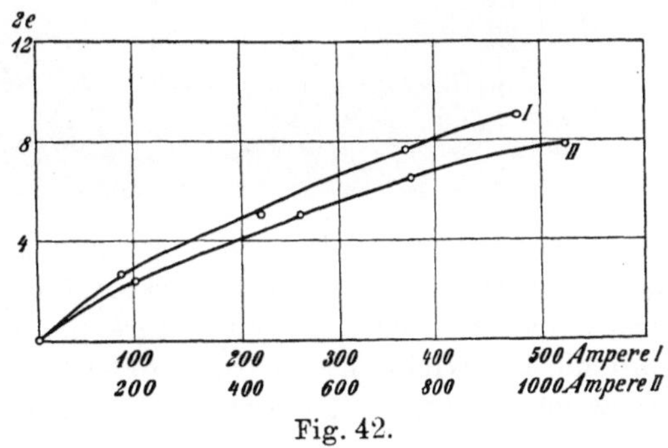

Fig. 42.

berechnete, und zwar nicht nur wegen der ungleichen Belastung der positiven und negativen Bürsten, sondern auch wegen des Übergangswiderstandes der Schleifringbürsten. Aus diesem Grunde weicht

Fig. 43. Kaskadenumformer mit Zusatzmaschinen im Mittelleiter.

die Kurve $2\,e = f(2\,J)$ auch von der geraden Linie ab. Da der Spannungsabfall infolge des Bürstenübergangswiderstandes anfangs rasch, später aber nur sehr langsam mit der Stromstärke steigt, sind die im wirklichen Betriebe erhaltenen Resultate im allgemeinen etwas günstiger, weil die zweite Netzhälfte dann auch belastet ist.

Der Widerstand der Gleichstromwicklung des 250 KW-Umformers ist $R_a = 0{,}024$ Ohm warm, und der Widerstand jeder Rotorphase $R = 0{,}07$ Ohm warm. Für einen Ausgleichstrom von 50 % gibt die auf Seite 73 gegebene Formel für $m_2 = 12$:

$$2 J (0{,}17\, R + 0{,}17\, R_a) = 4 \text{ Volt},$$

während der gemessene Wert 5,8 Volt beträgt. Für einen Ausgleichstrom von 100 % ist die gemessene Spannungsdifferenz etwa 9 Volt oder 1,8 %. Die Erfahrung hat ergeben, daß die Belastung sich leicht so auf die beiden Netzhälften verteilen läßt, daß der Strom im Mittelleiter niemals über 20 % des Vollaststromes der Maschine ansteigt. Nach Kurve I ist die Spannungsdifferenz dann 0,56 %. Das ist ein sehr befriedigendes Resultat, der 500 KW-Umformer (Kurve II) verhält sich aber noch etwas günstiger. Die Spannungsdifferenz beträgt hier nur 0,44 % für einen Ausgleichstrom von 20 %. Als der Versuch vorgenommen wurde, war die endgültige Temperatur aber noch nicht erreicht. Als Durchschnittswert ergaben die Versuche, die an zahlreichen Umformern angestellt worden sind, etwa 0,5 % Spannungsdifferenz für einen Ausgleichstrom von 20 % und 1 % Spannungsdifferenz für einen Ausgleichstrom von 50 %.

Bisweilen ist es erwünscht, daß die Spannung der am schwersten belasteten Seite höher ist als die der weniger belasteten, um den Spannungsabfall in Speisekabeln zu kompensieren. In dem Falle ist es nötig, eine Zusatzmaschine mit Hauptschlußerregung in den Mittelleiter zu schalten. Eine solche Zusatzmaschine kann direkt von der verlängerten Welle des Kaskadenumformers getrieben werden, wie das in Fig. 43 der Fall ist.

Die Zusatzmaschinen sind in diesem Falle als kompensierte Gleichstrommaschinen ausgeführt. Der Ständer ist ein normaler Induktionsmotor; die Wicklungen sind Wellenwicklungen, und die Spannung kann reguliert werden durch Bürstenverschiebung; wegen der Kompensation tritt kein Feuer an den Bürsten auf. Man kann aber auch eine gewöhnliche Gleichstrommaschine mit Hauptschlußerregung verwenden und die Spannung vom Schalt-

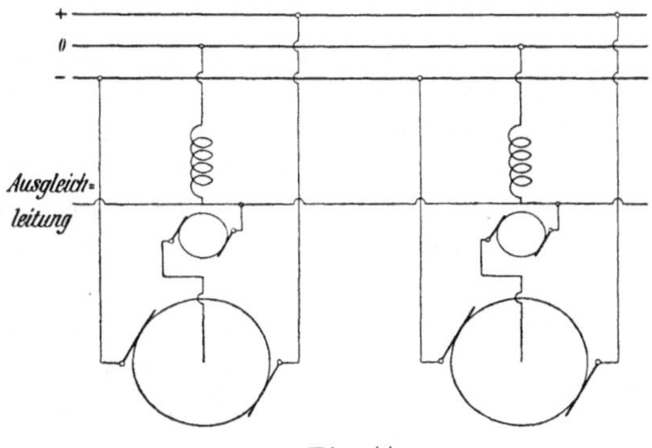

Fig. 44.

brett aus regulieren mittels eines Nebenschlußwiderstandes zur Feldwicklung. Es sei hier noch bemerkt, daß, wenn mehrere Kaskadenumformer mit Zusatzmaschinen in dem Mittelleiter parallel laufen, es nötig ist, einen Ausgleichleiter nach Schema Fig. 44 anzubringen, da die Zusatzmaschinen mit Hauptschlußerregung dann parallel geschaltet sind.

XI. Vergleich verschiedener Maschinenklassen zur Umformung von Wechselströmen in Gleichstrom und umgekehrt.

Der Motorgenerator und der rotierende Umformer, die bis vor einigen Jahren die einzigen Maschinen waren, die für die Umformung von Wechselströmen in Gleichstrom, und umgekehrt, in Betracht kamen, haben ihre Vorzüge und ihre Nachteile. Es bleibt dadurch für jeden Typ ein besonderes Anwendungsgebiet vorbehalten. Obwohl es nun nicht möglich ist, sämtliche Vorteile in einer einzigen Maschinengattung zu vereinigen, und alle Nachteile zu vermeiden, so ist doch der Kaskadenumformer eine Maschine, deren Eigenschaften in mancher Hinsicht zwischen denen des Motorgenerators und des rotierenden Umformers liegen. Das geht schon aus der Tatsache hervor, daß der Kaskadenumformer teilweise als Motorgenerator, teilweise als rotierender Umformer arbeitet, aber es ist nötig, die verschiedenen in Betracht kommenden Gesichtspunkte näher zu studieren, um für jeden einzelnen Fall entscheiden zu können, welche Maschinengattung den vorliegenden Bedingungen am besten Genüge leistet.

Anlassen von der Wechselstromseite. Der Induktionsmotorgenerator steht zweifellos obenan; der Kaskadenumformer bietet aber auch keine Schwierigkeiten. Der synchrone Motorgenerator und der Einankerumformer stehen jedoch in dieser Hinsicht weit zurück. Ein direktes Anlassen von der Wechselstromseite ist nur bei kleinen Maschinen gut möglich und erfordert Autotransformatoren oder spezielle Anschlüsse an die Niederspannungswicklungen der Transformatoren, um eine kleine Spannung zu erhalten. In jedem Falle treten große Ströme auf, und rotierende Umformer sind an den Gleichstrombürsten zum Feuern geneigt. Auch nimmt der rotierende Umformer nicht immer dieselbe Polarität wieder an. Um Zeitverlust zu vermeiden, werden deswegen öfters doppelpolige Umschalter angebracht, so daß der Umformer zu den Sammelschienen richtig parallel geschaltet werden kann, unabhängig von seiner Polarität.

Größere Synchronmotoren und Einankerumformer werden gewöhnlich mit Hilfe eines kleinen Induktionsmotors auf Touren gebracht und dann parallel geschaltet. Für Hochspannungssynchronmotoren ist meistens auch noch ein kleiner Transformator nötig, da man ungern den kleinen Anlaßmotor für Hochspannung baut. In jedem Falle hat man auf der Hochspannungsseite zu synchronisieren, und bei schwankendem Betrieb, wo rasche Änderungen der Periodenzahl vorkommen, ist das öfters zeitraubend. Bei dem Kaskadenumformer wird das Synchronisieren durch solche Schwankungen der Periodenzahl viel weniger erschwert, denn er ist mit dem Wechselstromnetz verbunden und hat das Bestreben, den Schwankungen der Periodenzahl zu folgen, während der Synchronmotor und der Einankerumformer nicht mit dem Netze verbunden sind und somit ein solches Bestreben nicht haben. Das Anlassen und Synchronisieren von Kaskadenumformern für Leistungen von 500 KW und darunter erfordert etwa 45—60 Sekunden, während für größere Einheiten bis 1500 KW etwa 1—$1^1/_2$ Minuten gerechnet werden muß.

Anlassen von der Gleichstromseite. Bezüglich des Anlassens selbst verhalten sich die verschiedenen Maschinentypen nahezu gleich. Es lassen sich jedoch mit Rücksicht auf das Parallelschalten an der Wechselstromseite folgende Bemerkungen machen.

Die Periodenzahl des synchronen Motorgenerators wird durch Änderung der Erregung der Gleichstrommaschine in Übereinstimmung gebracht mit der Periodenzahl des Wechselstromnetzes, was bekanntlich durch die Synchronisierungsvorrichtung angedeutet wird. Die Spannung der zuzuschaltenden Maschine wird durch Änderung der Erregung der Synchronmaschine gleich der des Wechselstromnetzes gemacht. Bei richtiger Einstellung wird, wenn der Wechselstromschalter geschlossen wird, überhaupt kein Strom durch diesen fließen, oder nur ein kleiner Strom, bedingt durch die Verschiedenheit der Kurvenform der Wechselspannungen. In der Praxis wird die Einstellung nie so vollkommen sein, und treten außerdem Schwankungen von Periodenzahl und Spannung ein, aber immerhin geht das Parallelschalten bei richtiger Handhabung ohne Stromstöße vor sich.

Bei den Kaskadenumformern und Einankerumformern wird die Tourenzahl in ähnlicher Weise reguliert, die Wechselspannung kann aber wegen des bestimmten Übersetzungsverhältnisses dieser Maschinen nur durch Änderung der Gleichspannung reguliert werden, wenn keine Zusatzmaschine vorhanden ist. Ist eine Zusatzmaschine — aus anderen Gründen — vorgesehen, oder kann die Gleichspannung bequem geändert werden, oder ist schließlich im Synchronisierungsmomente das Verhältnis der Spannungen des Wechselstrom- und des Gleichstromnetzes ohnehin gerade gleich dem Übersetzungsverhältnis des zuzuschaltenden Umformers, so verhält sich der Umformer genau so wie der synchrone Motorgenerator. Es kommt aber öfters vor, daß das nicht der Fall ist, und dann wird zunächst ein wattloser Strom fließen, der den magnetischen Kraftfluß derart zu ändern sucht, daß die induzierte Spannung gleich der aufgedrückten wird. Ein solcher wattloser Strom hat aber eine magnetisierende oder entmagnetisierende Wirkung auf das Feld der Gleichstrommaschine, je nachdem er nach- oder voreilt. Demzufolge wird die mit dem Gleichstromnetze verbundene Gleichstromseite des Umformers als Generator oder Motor zu arbeiten anfangen. War die Wechselspannung des Netzes höher als die des Umformers, so wird letzterer Gleichstrom generieren und umgekehrt. Es tritt somit in dem Falle ein Stromstoß auf, der nicht nur von der Differenz der Wechselspannungen, sondern auch von der Reaktanz der Maschine abhängt. Aus diesem Grunde verhält sich der Kaskadenumformer in dieser Hinsicht besser als der Einankerumformer.

Es kommt schließlich bisweilen vor, daß Induktionsmotorgeneratoren von der Gleichstromseite angelassen werden. In diesem Falle wird die Maschine auf die richtige Tourenzahl gebracht und der Wechselstromschalter einfach eingelegt. Da die Induktionsmotoren ohne Verbindung mit dem Netze selbständig keine EMK zu erzeugen vermögen, wird beim Einschalten ein Stromstoß nicht vollständig zu vermeiden sein. Er entsteht durch das plötzliche Auftreten eines fast wattlosen Leerlaufstromes, der bedeutend größer ist als der normale Leerlaufstrom, weil das Drehfeld sich nicht sofort nach dem Einschalten in der vollen Größe ausbildet.

Wird der Motor jedoch bei einer Tourenzahl eingeschaltet, die z. B. nur um etwa 3 % größer oder kleiner ist als die synchrone, so nimmt er plötzlich einen Wattstrom auf, der je nach der Größe der Maschine und ihrer normalen Schlüpfung gleich dem Vollaststrome ist, oder sogar erheblich größer. Es geht daraus hervor, daß man dafür Sorge zu tragen hat, daß das Einschalten im richtigen Momente stattfinde[1]). Die Rückwirkung auf die Zentrale ist wegen der kurzen Dauer des Stromstoßes gewöhnlich unbedeutend, der plötzliche Ruck ist aber für den Motor und seine Nutenisolation weniger günstig. Eine zu hohe Tourenzahl ist besonders ungünstig, da die Gleichstrommaschine dann anfängt als Motor zu arbeiten.

---

[1]) Siehe ETZ 1909, Heft 35. Eine Synchronisiervorrichtung für Kurzschlußmotoren.

Parallelbetrieb. Wenn nicht besondere Vorrichtungen getroffen sind, ist der Spannungsabfall des als Nebenschlußmaschine arbeitenden rotierenden Umformers ziemlich klein und der Parallelbetrieb somit empfindlich. Es hat sich gezeigt, daß es im allgemeinen schwer ist, die Bürsten des Einankerumformers derart einzustellen, daß die Belastung sich auf die verschiedenen Maschinen entsprechend ihrer Leistungsfähigkeit verteilt, im besonderen wenn auch Motorgeneratoren auf dieselben Sammelschienen arbeiten. Es gibt manche Installationen, wo der nicht zufriedenstellende Parallelbetrieb, was ja einer Heruntersetzung der maximalen Leistung der Unterstation gleichkommt, einer der Gründe war, keine rotierenden Umformer zu verwenden. Der Kaskadenumformer dagegen hat niemals Schwierigkeiten im Parallelbetrieb verursacht. Der Spannungsabfall der asynchronen Motorgeneratoren ist am größten, da in diesem Falle auch die Tourenzahl wegen der Schlüpfung heruntergeht.

Beeinflussung der Gleichspannung durch Änderungen der Periodenzahl und der Wechselspannung. Die Gleichspannung des Einankerumformers wird durch die Periodenzahl nicht, durch die Wechselspannung aber proportional deren Änderung beeinflußt. Bei den Motorgeneratoren dagegen wird die Gleichspannung von der Wechselspannung nicht beeinflußt, während Änderungen der Periodizität verstärkt in der Gleichspannung zum Ausdruck kommen. Die prozentualen Änderungen der Periodizität sind jedoch im allgemeinen sehr viel kleiner als die der Wechselspannung, und es sind somit in dieser Hinsicht die Motorgeneratoren den Einankerumformern überlegen. Die Gleichspannung des Kaskadenumformers wird zwar sowohl von Änderungen der Periodenzahl als der Wechselspannung beeinflußt, aber in geringerem Maße.

Einfluß der Oberströme und Rückwirkung auf das Netz. Da Synchronmaschinen auch eine generierende Wirkung haben, wirken sie auf die Generatoren der Zentrale zurück und drücken dem System ihre eigene Kurvenform auf. Besonders wenn die Kurvenformen stark verschieden sind, können große Oberströme auftreten. Der Induktionsmotor dagegen wirkt überhaupt nicht auf das Netz zurück und nimmt wegen seiner hohen Reaktanz kleine Oberströme auf. Die Stromkurve des Induktionsmotors ist weniger verzerrt als die Spannungskurve des Netzes, während die Stromkurve des Synchronmotors öfters sehr viel stärker verzerrt ist als die der Netzspannung. Der rotierende Umformer nimmt wegen seiner kleinen Reaktanz große Oberströme auf, der Kaskadenumformer verhält sich in dieser Hinsicht günstiger.

Pendeln. Der asynchrone Motorgenerator ist natürlich vollständig frei vom Pendeln, aber auch der richtig dimensionierte synchrone Motorgenerator, der Kaskadenumformer und der Einankerumformer für niedrige Periodenzahl verursachen in dieser Hinsicht wenig Schwierigkeiten. Die praktische Erfahrung hat gezeigt, daß der hochperiodige Einankerumformer am meisten an diesem Übel leidet. Die Theorie läßt uns dasselbe erwarten.

Kommutation. Solange nur der Einfluß der Ankerrückwirkung betrachtet wird, ist die Kommutation beim Einankerumformer am besten, dann folgt der Kaskadenumformer und schließlich der Motorgenerator. Das entspricht aber nicht ganz den praktischen Erfahrungen. Motorgeneratoren kommutieren öfters bedeutend besser als rotierende Umformer für hohe Frequenz des Wechselstromes und hohe Gleichspannung. Das rührt zunächst daher, daß man wegen der hohen Polzahl bei den rotierenden Umformern mit einer kleineren Lamellenzahl pro Pol auszukommen sucht; außerdem beeinflußt schon ein sehr geringes Pendeln des Umformers die Kommutation außerordentlich ungünstig. Die Einführung von Kommutierungspolen hat aber — solange kein Pendeln eintritt — die Schwierigkeit der Kommutation endgültig beseitigt, und hier hat der Kaskadenumformer den hochperiodigen Einankerumformern gegenüber den wesentlichen Vorteil eines größeren Zwischenraumes zwischen den Polen (vgl. Abschn. II), so daß die Kommutierungspole günstiger dimensioniert werden können und die Streuung kleiner ausfällt. Der Einankerumformer für kleine Periodenzahlen bietet aus obigen Gründen eine vorzügliche Kommutation.

Leistungsfaktor. Der synchrone Motorgenerator ist in dieser Hinsicht am besten, da ohne jegliche Hilfsmittel der Leistungsfaktor für jede Belastung und Gleichspannung auf eins einreguliert werden kann, oder es können auch voreilende wattlose Ströme, nach Bedarf, ins Netz geschickt werden. Mit Einanker- und Kaskadenumformern kann ein Leistungsfaktor = 1 für alle Belastungen nur erhalten werden, wenn Zusatzmaschinen vorgesehen sind.[1]) Im allgemeinen wird aber ihr Leistungsfaktor von der Belastung und dem Verhältnisse zwischen Wechsel- und Gleichspannung abhängen. Für dieselbe prozentuale Änderung der Gleichspannung nimmt der Kaskadenumformer jedoch kleinere wattlose Ströme auf als der rotierende Umformer. Der asynchrone Motorgenerator kann niemals den Leistungsfaktor eins haben.

---

[1]) Der Spaltpolumformer ermöglicht auch eine Regulierung der Gleichspannung ohne Aufnahme großer wattloser Ströme (vgl. Abschn. VIII).

Wirkungsgrad. Der Einankerumformer hat den höchsten Wirkungsgrad. Da die von den Oberströmen verursachten Verluste zwischen Leerlauf und Vollast sich nicht viel ändern, ist der Unterschied des Wirkungsgrades eines Einankerumformers und eines Kaskadenumformers am größten für Vollbelastung. Für kleine Belastungen haben Kaskadenumformer sogar bisweilen günstigere Resultate ergeben. Der Wirkungsgrad des Kaskadenumformers liegt im Betrieb, je nach der Leistung, etwa 1—2 % unter dem eines Einankerumformers für Vollbelastung, und weniger für kleinere Belastungen. Der Wirkungsgrad des Motorgenerators steht gegen den der Umformer weit zurück. Der synchrone Motorgenerator weist gewöhnlich einen etwas höheren Wirkungsgrad auf als der asynchrone, aber wir können sagen, daß der Motorgenerator je nach der Leistung durchschnittlich 2,5 bis 5 % weniger Vollastwirkungsgrad hat als der Kaskadenumformer. Für kleinere Belastungen ist der Kaskadenumformer noch bedeutend mehr im Vorteil. Bei Viertellast und für Einheiten von 250 KW haben Versuche in den städtischen Elektrizitätswerken von Manchester als Mittelwert eine Differenz von etwa 11 % zugunsten des Kaskadenumformers ergeben. Der Umstand, daß der Wirkungsgrad des Kaskadenumformers für niedere Belastungen so hoch ist, hat manchmal in der Entscheidung, welche Maschinenklasse zur Umformung der Stromart verwendet werden sollte, den Ausschlag gegeben.

Spannungsteilung. Sie geschieht bei den Umformern ohne jegliche Komplikation, und die Spannungsdifferenz zwischen den beiden Netzhälften ist sehr klein. Bei Motorgeneratoren dagegen muß eine besondere Vorrichtung zum Anschluß des Mittelleiters gemacht werden.

Umkehrbarkeit. Da die Asynchronmaschine nur als Generator arbeiten kann, wenn sie mit Synchronmaschinen parallel geschaltet ist, so können wir im allgemeinen sagen, daß der asynchrone Motorgenerator nicht umkehrbar ist. Der synchrone Motorgenerator bildet bei weitem das meist geeignete Aggregat zur Umformung von Gleichstrom in Wechselstrom. Der rotierende Umformer ist zwar auch umkehrbar, und solange ihm nur Wattströme entnommen werden, ist sein Verhalten in der Praxis auch zufriedenstellend, obwohl die Spannung nur regulierbar ist, wenn eine Zusatzmaschine vorgesehen ist; aber sobald ihm größere wattlose Ströme entnommen werden, hat der Einankerumformer Neigung zum Durchgehen, indem diese Ströme das Magnetfeld schwächen. Es wird eine besondere Erregermaschine erforderlich, um den Umformer vor Durchgehen zu behüten. Einankerumformer mit Transformatoren, Zusatzmaschinen und Erregermaschinen werden aber teuer und kompliziert, so daß sie am besten für diesen Zweck nicht verwendet werden. Auch der Kaskadenumformer braucht eine Zusatzmaschine, wenn die Wechselspannung reguliert werden soll. Seine Geschwindigkeit nimmt auch zu, wenn der Statorwicklung wattlose Ströme entnommen werden, aber nicht in dem Maße, daß eine besondere Erregermaschine nötig ist. Der Kaskadenumformer kann deswegen gute Dienste leisten, wenn der Leistungsfaktor nicht unter etwa 0,8 bis 0,85 heruntergeht, oder auch wenn es sich nur um die Übertragung von Energie nach einer anderen Stelle handelt, wo sie wieder in Gleichstrom umgeformt wird. In dem Falle gewähren zwei Kaskadenumformer mit zwischengelegenen Hochspannungstransmissionslinien einen vorzüglichen Betrieb von hoher Ökonomie.

Schleifringe. Der Induktionsmotorgenerator hat nur Schleifringe zum Anlassen und eventuell Schleifringe auf der Gleichstromseite für die Ausgleichtransformatoren zum Anschluß des Mittelleiters. Letztere kommen auch bei den Synchronmotorgeneratoren vor; die Schleifringe für den Erregerkreis sind nur für eine sehr kleine Leistung zu bemessen. Die Schleifringe des Kaskadenumformers dienen sowohl zum Anlassen als für den Anschluß des Mittelleiters. In keinem Falle aber brauchen die Schleifringe eine nennenswerte Wartung. Anders ist es beim Einankerumformer, der 3, 4 oder 6 Schleifringe hat, die für die volle Umformerleistung zu bemessen sind. Diese brauchen viel Wartung und Unterhalt und bilden, nach der Ansicht vieler, einen öfters unterschätzten Nachteil des Einankerumformers.

Raumbedarf. Die Motorgeneratoren beanspruchen den größten Raum. Wenn der Platzbedarf der stationären Transformatoren berücksichtigt wird, nimmt der Einankerumformer mehr Raum ein als der Kaskadenumformer. Die normale horizontale Bauart des Kaskadenumformers erfordert aber mehr Raum als die Einankerumformer ohne Transformatoren. Die vertikale Bauart des Kaskadenumformers beansprucht weniger Raum als der Einankerumformer ohne Transformatoren.

Herstellungskosten. Der Induktionsmotorgenerator ist am teuersten, dann folgt der Synchronmotorgenerator, dann der Kaskadenumformer, und der Einankerumformer schließlich ist im allgemeinen am billigsten. Bisweilen kommt es aber vor, daß der Einankerumformer wegen der geforderten Regulierung der Gleichspannung eine Zusatzmaschine braucht, während der Kaskadenumformer noch ohne eine solche Zusatzmaschine gebaut werden kann, in dem Falle ist der Kaskadenumformer billiger.

	Umformung von	Synchrone Motorgeneratoren	Asynchrone Motorgeneratoren	Rotierende Umformer	Kaskadenumformer	Bemerkungen
unter 25 Perioden	Wechselstrom in Gleichstrom	für Spannungsregulierung über 10%		f. Spannungsregulierung von höchstens 10%	nein	Ist die Gleichspannung in Vergleich mit der Leistung sehr niedrig, so ist der Motorgenerator dem Einankerumformer vorzuziehen.
	Gleichstrom in Wechselstrom	für Leistungsfaktoren bedeutend unter eins (Motorenbetrieb)	nein	für Leistungsfaktoren in der Nähe von eins (Lichtbetrieb)	nein	
	Wechselstrom in Gleichstrom und umgekehrt	f. Regulierung der Gleichspannung über 10% und für Leistungsfaktoren unter eins	nein	f. Regulierung der Gleichsp. von höchstens 10% und für Leistungsfaktoren in der Nähe von eins	nein	
von 25 bis 40 Perioden	Wechselstrom in Gleichstrom, Leistung unter 1000 KW	für Spannungsregulierung über 10%		f. Spannungsregulierung von höchstens 10%	nein	Für hohe Gleichspannung ist der Kaskadenumformer zu empfehlen. Für niedere Gleichspannung ist der Einankerumformer zu empfehlen. Für sehr niedere Gleichspannung ist der Motorgenerator zu empfehlen.
	Wechselstrom in Gleichstrom, Leistung 1000 KW und darüber	für Spannungsregulierung über 30%		f. Spannungsregulierung von höchstens 10%	für Spannungsregulierung von 10 bis 30%; bisweilen auch f. Spannungsregulierung unter 10%	
	Gleichstrom in Wechselstrom, Leistung unter 1000 KW	für Leistungsfaktoren bedeutend unter eins (Motorenbetrieb)	nein	für Leistungsfaktoren in der Nähe von eins (Lichtbetrieb)	nein	
	Gleichstrom in Wechselstrom, Leistung 1000 KW und darüber	für Leistungsfaktoren unter 0,85	nein	für Leistungsfaktoren in der Nähe von eins	für Leistungsfaktoren über 0,80	
	Wechselstrom in Gleichstrom und umgekehrt, Leistung unter 1000 KW	f. Regulierung der Gleichsp. über 10% und für Leistungsfaktoren bedeutend unter eins	nein	f. Regulierung der Gleichsp. von höchstens 10% und für Leistungsfaktoren in der Nähe von eins	nein	
	Wechselstrom in Gleichstrom und umgekehrt, Leistung 1000 KW und darüber	f. Regulierung der Gleichspannung über 30% und für Leistungsfaktoren unter 0,85	nein	f. Regulierung der Gleichsp. von höchstens 10% und für Leistungsfaktoren in der Nähe von eins	f. Regulierung der Gleichsp. von höchstens 30% und für Leistungsfaktoren über 0,80	

	Umformung von	Synchrone Motorgeneratoren	Asynchrone Motorgeneratoren	Rotierende Umformer	Kaskadenumformer	Bemerkungen
40 Perioden und darüber	Wechselstrom in Gleichstrom	für Spannungsregulierung über 30%		nein	für Spannungsregulierung unter 30%	Ist die Gleichsp. in Vergl. zur Leistung sehr niedrig, so ist der Motorgenerator dem Kaskadenumformer vorzuziehen.
	Gleichstrom in Wechselstrom	für Leistungsfaktoren unter 0,85	nein	nein	für Leistungsfaktoren über 0,80	
	Wechselstrom in Gleichstrom und umgekehrt	für Spannungsregulierung über 30% und für Leistungsfaktoren unter 0,85	nein	nein	für Spannungsregulierung unter 30% und für Leistungsfaktoren über 0,80	

Es kann nun an Hand vorstehender Überlegungen und unter Berücksichtigung des in Abschn. II über den Einfluß der Polzahlen Gesagten für jeden einzelnen Fall festgestellt werden, welche Maschinengattung die geeignetste ist. Wegen der Verschiedenheit der Bedingungen ist es jedoch schwer, allgemeine Regeln aufzustellen. Die vorstehende Tabelle wird den am meisten vorkommenden Betriebsbedingungen möglichst gerecht werden.

Wenn außer der Umformung von Wechselstrom in Gleichstrom auch noch voreilende wattlose Ströme ins Netz geschickt werden sollen, um den Leistungsfaktor zu verbessern, muß die Liste folgendermaßen geändert werden:

1. Asynchronmotorgeneratoren sind durch Synchronmotorgeneratoren zu ersetzen.

2. Kaskaden- und Einankerumformer müssen mit Zusatzmaschinen versehen werden, wenn der wattlose Strom reguliert werden soll, oder unter Umständen müssen auch sie durch Synchronmotorgeneratoren ersetzt werden.

XII. Beispiele ausgeführter Kaskadenumformer.

Die älteste Kaskadenumformer-Anlage ist diejenige der Poplar Elektrizitätswerke in London. In der Hauptstation wurde ursprünglich nur Gleichstrom von 500 Volt generiert. Die Spannung wurde durch Serienschaltung der Gleichstrommaschinen bis auf 1500 Volt erhöht, um eine im Abstande von etwa 3 km gelegene Unterstation mit Strom zu versorgen. In der Unterstation wurde die Spannung wieder auf 500 Volt heruntertransformiert.

Als aber die Belastung der Unterstation zunahm und die Errichtung einer zweiten Unterstation nötig wurde, ging man zu hochgespanntem Drehstrome über. Dadurch konnten nicht nur die Verluste in den Speisekabeln wesentlich heruntergedrückt, sondern auch die Kosten der Erzeugung der Energie in der Hauptstation durch Einführung von Turbo-Wechselstromgeneratoren bedeutend heruntergesetzt werden. In der Hauptstation mußten Maschinen zur Umformung des Wechselstromes in Gleichstrom aufgestellt werden, damit die alten Gleichstrommaschinen, die von Dampfmaschinen mit hohem Dampfverbrauch angetrieben wurden, außer Gebrauch gesetzt werden konnten. Während der Nacht, am Sonntag oder im allgemeinen bei kleiner Belastung, würde es sich aber doch nicht gelohnt haben, eine große Turbineneinheit laufen zu lassen, und es war deswegen die Einrichtung so zu treffen, daß man dennoch die Unterstationen mit Strom versorgen konnte. Es war somit nötig, die in der Hauptstation aufzustellenden Maschinen zur Umformung des Wechselstromes in Gleichstrom umkehrbar zu machen. Von vornherein wurde von der Anschaffung rotierender Umformer abgesehen, da diese leicht zu Störungen Anlaß geben, und da auf einen befriedigenden Parallelbetrieb mit den schon bestehenden Batterien (und in der Hauptstation auch mit den bestehenden Gleichstrommaschinen) großer Wert gelegt wurde.

Es wäre deshalb nötig gewesen, Motorgeneratoren (für die Hauptstation wäre nur der synchrone Motorgenerator in Betracht gekommen) aufzustellen, wenn nicht gerade damals der Kaskadenumformer auf den Markt gebracht worden wäre, der sich den speziellen Bedingungen des Betriebes in den Poplar Elektrizitätswerken besser anpaßte, als der Motorgenerator oder der rotierende Umformer.

Es wurde also beschlossen, zwei Turboalternatoren von je 1000 KW-Leistung mit direkt gekuppelter Erregermaschine, einen 500 KW-Kaskadenumformer für die Hauptstation, ferner zwei 500 KW- und zwei 250 KW-Kaskadenumformer für die Unterstationen aufzustellen. Die Periodenzahl wurde zu 50 gewählt. Die Drehstrommaschinen sind vierpolig und laufen somit 1500 Touren. Die Linienspannung beträgt 6000 Volt. Der neutrale Punkt des Systems ist geerdet.

Fig. 45 zeigt einen der 500 KW-Umformer von der Wechselstromseite aus gesehen. Es ist $p_a = 3$, $p_g = 4$, die Tourenzahl somit 428. Die Maschine hat drei Lager, und die Verbindungen von der Rotor- zur Gleichstromwicklung gehen durch die hohle Welle. Der Rotor ist 12-phasig gewickelt. Aus der Figur sind die 12 Äquipotentialringe auf der hinteren Seite des Gleichstromankers deut-

Fig. 45. 500 KW-Dreilagerkaskadenumformer.

lich zu erkennen. Da $p_g = 4$, gibt es $4 \times 12 = 48$ Anschlüsse von der Gleichstromwicklung zu diesen Äquipotentialringen; es liegen aber nur 24 auf der hinteren Seite, da die anderen 24 von der

Kommutatorseite der Wicklung durch den Ankerkörper zu den Ringen geführt sind. Da die Stabzahl[1]) pro Pol und Doppelphase eine ungerade Zahl ist, liegen die Anschlüsse abwechselnd auf der vorderen und hinteren Seite des Ankers. Die Gleichstrommaschine hat nämlich 120 Nuten mit 6 Stäben in jeder Nut. Die Anschlüsse fallen somit auf jede fünfte Nute auf die hintere Seite, wie Fig. 46, die den Rotor und Anker separat darstellt, besonders deutlich zeigt; die Anschlüsse auf der vorderen Seite liegen gerade mitten zwischen denen auf der hinteren Seite. Die letzte Figur zeigt auch die Schleifringe und den Kurzschließer etwas deutlicher.

Fig. 46. Rotierender Teil eines 500 KW-Dreilagerkaskadenumformers.

Fig. 47 zeigt Rotor und Anker von der Gleichstromseite aus gesehen, und es sind hier die Verbindungen zu der Rotorwicklung deutlich zu erkennen[2]).

Die 250 KW-Umformer haben 4 Pole auf beiden Seiten und laufen somit mit 750 Touren.

Die später nachgelieferten Umformer sind von dem Zweilagertyp, der weiter unten für andere Anlagen beschrieben ist.

Eine besonders interessante Anlage ist die der „Great Western Railway" in London (Hammersmith and City Railway). Die Bedingungen in den Unterstationen dieser Anlage waren auch solche, daß der rotierende Umformer überhaupt nicht in Betracht gezogen wurde. Zunächst sollten die Maschinen mit einer Batterie parallel arbeiten in der Weise, daß die Batterie die plötzlichen großen Stromstöße aufnehmen sollte. Da ein Zug beim Anfahren bis

[1]) Bezieht sich auf eine Schleifenwicklung; siehe auch S. 7.

[2]) Der Maßstab der Fig. 47 ist größer als der der Fig. 46.

Fig. 47. Rotierender Teil eines 500 KW-Dreilagerkaskadenumformers.

1200 KW aufnimmt (600 Volt 2000 Ampere) und gewöhnlich nur zwei Züge zu gleicher Zeit auf eine Unterstation laufen, sind die Stromschwankungen außerordentlich groß (etwa zwischen 0 und

3000 Ampere). Zu gleicher Zeit aber sollte die Hauptstation die Lichttransformatoren für den Hauptbahnhof und das damit verbundene Hotel der Great Western Railway speisen. Da es nicht beabsichtigt war, für beide Zwecke verschiedene Drehstromgeneratoren in der Hauptstation laufen zu lassen, war es geboten, große Batterien in den Unterstationen aufzustellen, um die Stromschwankungen aufzunehmen. Dies war um so mehr berechtigt, da die Maschinen der Unterstationen für den Fall einer Stromunterbrechung der Hauptstation immerhin für die Versorgung des Lichtnetzes herangezogen werden sollten. Die Maschinen haben dann Gleichstrom von der Batterie in Wechselstrom umzuformen. Es kamen also nur Synchronmotorgeneratoren und Kaskadenumformer in Betracht.

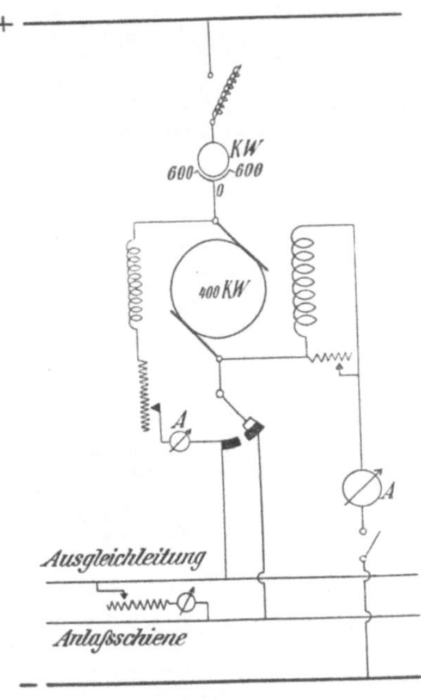

Fig. 48.

Kaskadenumformer wurden gewählt erstens wegen des viel höheren Wirkungsgrades, zweitens weil sie keine besonderen Erregermaschinen für die Wechselstromseite brauchen, drittens weil das Anlassen von der Wechselstromseite viel bequemer ist, und viertens da die Gleichstromseite, wenn stark überbelastet, befriedigender arbeitet als eine gewöhnliche Gleichstrommaschine.

Fig. 48 stellt das Schaltungsschema der Gleichstromseite der Kaskadenumformer dar. Wie ersichtlich, ist das eine Ende der Hauptschlußwicklung durch einen Schaiter mit der negativen Sammelschiene verbunden, während das andere Ende und die negativen Bürsten des Umformers mittels eines Umschalters entweder mit der Ausgleichleitung oder mit der sogenannten Anlaßschiene verbunden werden können. Diese Anlaßschiene steht durch einen gewöhnlichen Anlasser mit der Ausgleichleitung in Verbindung. Es ist somit möglich, mit Hilfe dieses gemeinschaftlichen Anlassers jeden Kaskadenumformer von der Gleichstromseite anzulassen, indem man die Maschine durch den Umschalter mit der Anlaßschiene verbindet und den positiven Maschinenschalter einlegt. Die Umformer werden gewöhnlich von der Wechselstromseite angelassen. Es ist aber diese besondere Vorrichtung getroffen, damit man im

Falle einer vollständigen Unterbrechung der Stromzufuhr von der Hauptstation die Umformer von der Batterie anlassen und so die Speisung der Lichttransformatoren aufrecht erhalten kann. Die Um-

Fig. 49. Sieben 400 KW-Kaskadenumformer in der Unterstation Shepherds Bush der Hammersmith and City Railway.

schalter sind auf der Grundplatte der Umformer angeordnet, wie aus Fig. 49, die sieben dieser Umformer, die in einer der Unterstationen aufgestellt sind, zeigt, zu ersehen ist. Diese Umformer haben eine Leistung von je 400 KW. Die Maschinen sind nachträglich mit Kommutierungspolen versehen und geben jetzt während 2 Stunden eine Leistung von 600 KW.

Der Wirkungsgrad bei Vollast (400 KW) ist 90,5%. Das ist nicht sehr hoch. Zweilagermaschinen mit $p_a = p_g$, berechnet und zusammengebaut auf Grund reicher Erfahrung mit einer großen Anzahl von Kaskadenumformern, haben etwa 1% höheren Wirkungsgrad. Die Hauptsache ist in diesem Falle der hohe Wirkungsgrad bei niederen Belastungen. Es kam zwar während der Ausstellung im Sommer 1908 vor, daß die Maschinen für längere Zeit mit etwa 60% Überlast zu arbeiten hatten, im allgemeinen ist aber die Überlastung nur eine momentane und die Maschinen laufen meistens etwas unterlastet. B. M. Jenkin weist im „Journal of the Institution of electrical engineers" Vol. 43 No. 197 darauf hin, daß infolge des hohen Wirkungsgrades des Kaskadenumformers für kleine Belastungen der totale Wirkungsgrad der Unterstation, wenn die Batterie nicht benutzt wurde, 82% beträgt, während unter ähnlichen Umständen in der Unterstation der „London County Council", wo Motorgeneratoren verwendet werden, nur 75% erreicht wurden.

Da theoretisch die Möglichkeit vorliegt, daß der Kaskadenumformer fast bis auf die synchrone Tourenzahl des Induktionsmotors hinaufläuft, wenn die Gleichstromseite ihre Erregung verliert, wurde der Umformer auf mechanische Festigkeit geprüft, indem er mit geöffneter Feldwicklung als gewöhnlicher Induktionsmotor angelassen wurde. Die Maschine lief zu voller Zufriedenheit mit 750 Touren. Bei einigen späteren Ausführungen für andere Anlagen sind spezielle Apparate, die auf der Wirkung der Zentrifugalkraft beruhen, auf der Welle angebracht. Sobald die Geschwindigkeit eine gewisse Grenze überschreitet, schließt der Apparat einen elektrischen Stromkreis, wodurch das Relais des Wechselstromschalters betätigt wird. Die Erfahrung hat aber gezeigt, daß solche Vorsichtsmaßnahmen überflüssig sind. Eine nicht beabsichtigte Unterbrechung der Feldwicklung ist bei den Kaskadenumformern niemals vorgekommen, sie wird dadurch verhindert, daß der Nebenschlußwiderstand nicht abgeschaltet werden kann, und man darf erwarten, daß der plötzlich eintretende Stromstoß genügen würde, die automatische Auslösevorrichtung des Wechselstromschalters in Tätigkeit zu setzen.

In den Unterstationen der Great Western Railway wird die Hochspannung nicht direkt auf die Statorwicklungen der Umformer geschaltet, sondern allmählich durch einen Wasserwiderstand, der auch für die Speisekabel Dienst tut.

Eine kleine Umformeranlage für den Betrieb der Straßenbahn

in der Provinzstadt Falkirk in Schottland ist in Fig. 50 dargestellt. In diesem Falle wird 2-phasiger Wechselstrom von 50 Perioden und 3000 Volt Phasenspannung in Gleichstrom von 500 bis 550 Volt umgeformt. Es sind zwei Umformer von je 200 KW aufgestellt. Es ist $p_a = p_g = 2$, also die Tourenzahl 750. Der Anlasser mit Synchronisierungsvoltmeter ist aus dieser Figur deutlich zu erkennen. Einen besonders günstigen Einfluß hat die Über-

Fig. 50.

kompoundierung auf die Spannung in der Hauptstation. Bei Leerlauf ist die Spannung etwa 500 Volt und der aufgenommene Wechselstrom etwas phasenverspätet. Wenn die Belastung zunimmt, steigt die Gleichspannung, so daß der phasenverspätete wattlose Strom abnimmt, durch Null geht und schließlich in einen phasenverfrühten Strom übergeht. Dadurch wird die Spannung des Wechselstromgenerators, ungeachtet der starken Belastungsänderungen, nahezu konstant gehalten. Das ist ein Vorteil der Überkompoundierung, der sich bei vielen Anlagen, besonders auch bei der vorbeschriebenen der „Great Western Railway", angenehm fühlbar macht.

Fig. 43 (S. 72) zeigt die Umformer einer Unterstation der „Durham County Council" (Gateshead), wo Drehstrom von 40 Perioden und

5700 Volt Linienspannung in Gleichstrom von 530—550 Volt umgeformt wird. Die vordere Maschine ist ein 200 KW-Umformer mit Nebenschlußerregung und dient ausschließlich für den Lichtbetrieb. Es ist $p_a = p_g = 2$ und die Tourenzahl somit 600. Es ist ferner eine Zusatzmaschine im Mittelleiter vorgesehen. Die vier andern Umformer haben eine Leistung von 500 KW und sind überkompoundiert; $p_a = p_g = 3$, Tourenzahl 400. Sie dienen für den Kraftbetrieb. Einer dieser Umformer ist jedoch mit einer Zusatzmaschine ausgerüstet, so daß er entweder für den Kraft- oder für den Lichtbetrieb benutzt werden kann. Die Hochspannung wird hier gleich auf die Statorwicklung geschaltet, das ist auch der Fall mit sämtlichen Umformern in den Unterstationen der städtischen Elektrizitätswerke in Manchester. Diese Unternehmung hat jetzt etwa 40 Kaskadenumformer mit einer Gesamtleistung von über 16000 KW in Betrieb. Die drei ersten Umformer dieser Anlage haben eine Leistung von 500 KW. Sie sind von dem Dreilagertyp und dienen sowohl für den Licht- als für den Bahnbetrieb. Die Wechselstromseite ist für Dreiphasenstrom mit 6500 Volt Linienspannung und 50 Perioden gebaut; die Gleichstromseite arbeitet mit 400—425 Volt auf das Lichtnetz und mit 500—550 Volt auf das Straßenbahnnetz. Diese große Spannungsregulierung zwischen 400 und 550 Volt wird ohne jegliche Hilfsmittel mittelst Nebenschlußregulierung allein erhalten. Für diese Umformer ist $p_a = 3, p_g = 4$; die Tourenzahl somit 428.

Die neueren Maschinen sind fast alle mit gleicher Polzahl an Gleich- und Wechselstromseite, und zwar für Leistungen bis etwa 600 KW ohne Mittellager ausgeführt und haben einen etwas höheren Wirkungsgrad als die älteren Maschinen.

Die größte Leistung an Kaskadenumformern besitzt die Station „Dickinsonstreet“ in Manchester, wo vier 500 KW- und drei 1500 KW-Maschinen aufgestellt sind. Letztere sind in Fig. 51 und 52 abgebildet. Es ist $p_a = p_g = 6$, die Tourenzahl 300. Die Rotoren dieser Umformer sind wieder 12-phasig ausgeführt, es sind sechs Phasen für das Anlassen benutzt. Hierdurch ist erreicht, daß man sogar für diese großen Maschinen den Nebenschlußregulator und den Anlasser nur in die experimentell gefundene Stellung zu setzen braucht, damit die Maschine ohne irgendwelche Adjustierung etwa $1—1^1/_2$ Minuten, nachdem der Hochspannungsschalter eingelegt ist, von selbst in Synchronismus hineinläuft. Für kleinere Maschinen, wie z. B. den in Fig. 53 dargestellten 600 KW-Umformer mit $p_a = p_g = 4$, also 375 Touren, wird dasselbe erreicht bei Verwendung von nur 3 Phasen für das Anlassen. Der Anlasser ist ein Widerstand, der ein für alle Mal eingestellt wird, also keine Regulierung während der Anlaßperiode zuläßt. Gewöhnlich wird noch ein ganz kleiner Nebenschlußregulator auf den Anlasser montiert, so daß etwaige Adjustierungen mittels dieses Regulators vorgenommen werden

Fig. 51. 1500 KW-Kaskadenumformer.

können. Wenn die Maschine in Synchronismus ist, wird mittels eines auf dem Anlasser angebrachten Schalters der Anlaßwiderstand kurzgeschlossen und danach der 12-phasige Kurzschließer eingerückt. Der Schalter schließt zu gleicher Zeit auch den Nebenschlußwiderstand kurz. Der Anlasser, der zu dem in Fig. 53 abgebildeten Umformer gehört, ist aber nicht einmal mit einem solchen Nebenschlußwiderstand versehen; trotzdem haben sich keine Schwierig-

Fig. 52. 1500 KW-Kaskadenumformer.

keiten im Betriebe ergeben. Die Abbildung stellt die Unterstation im Gebäude der Ausstellung in Manchester vom Oktober 1908 dar. Auf der linken Seite ist ein rotierender Umformer und im Hintergrund ein Motorgenerator zu sehen. Alle Maschinen sind für gleiche Bedingungen gebaut und, wie ersichtlich, war es nötig, den rotierenden Umformer mit einer Zusatzmaschine zur Regulierung der Spannung zu versehen. Der obere Teil des Transformators ist in der Figur zu sehen.

Fig. 53. 600 KW-Kaskadenumformer.

Die Erfahrung mit diesen drei Maschinengattungen ist zugunsten des Kaskadenumformers ausgefallen. Die Manchester Elektrizitätswerke legen einen besonderen Wert auf die Tatsache, daß die Kaskadenumformer in ihren Unterstationen öfters den Betrieb aufrecht erhalten haben, wenn sogar die synchronen Motorgeneratoren durch ein zu starkes Herunterfallen der Hochspannung infolge von Störungen in der Hauptstation oder in den Speisekabeln außer Tritt gefallen waren.

Die Leistung der übrigen Umformer, die in den Unterstationen der städtischen Elektrizitätswerke in Manchester aufgestellt sind, variiert zwischen 200 und 600 KW, sie sind alle von dem Zweilagertyp, wie auch die meisten anderen Umformer, die von der Firma Bruce Peebles & Co. für Großbritannien und die Kolonien gebaut worden sind.

Fig. 54. 300 KW-Kaskadenumformer.

Fig. 54 zeigt z. B. einen Kaskadenumformer des Zweilagertypus, der in einem tropischen Klima arbeitet. Die Leistung ist 300 KW, aber wegen der kleinen zulässigen Temperaturerhöhung sind die Dimensionen ziemlich groß, und ist die 6-polige Anordnung gewählt (500 Touren). Der Ventilator, der in dem Kommutator untergebracht ist, ist aus der Figur besonders deutlich zu ersehen.

Fig. 55 zeigt einen langsamlaufenden 250 KW-Umformer. Die Tourenzahl ist 500. Die meisten 50-periodigen Umformer von dieser Leistung laufen jedoch mit 750 Touren.

Zum Schluß sei noch ein 25-periodiger Umformer der städtischen Elektrizitätswerke in Glasgow erwähnt. Für diese Maschine, die eine Gleichstromleistung von 1000 KW abzugeben hat, ist $p_a = 3$,

$p_g = 4$, die Tourenzahl 214. Es wird 25-periodiger Dreiphasenstrom von 6500 Volt Linienspannung in Gleichstrom von 500 bis 600 Volt für den Lichtbetrieb umgeformt. Die Motorgeneratoren

Fig. 55. 250 KW-Kaskadenumformer.

in derselben Station sind für einen großen Spannungsabfall gebaut, damit, wenn Kurzschlüsse im Netze auftreten, der Strom nicht zu hoch anwachsen kann. Etwaige Erd- und Kurzschlüsse werden nämlich, wenn irgend möglich, durch den Maschinenstrom ausge-

Additional material from

Die Eigenschaften des Kaskadenumformers und seine Anwendung

ISBN 978-3-662-32435-6 is available at http://extras.springer.com

brannt. Es ist deswegen für den Kaskadenumformer ein Spannungsabfall von 18—20% vorgeschrieben. Ein solcher Spannungsabfall konnte durch eine Gegenkompoundwicklung[1]) erhalten werden, es ist jedoch in diesem Falle eine einfachere Methode befolgt, indem die Polschuhe der Kommutierungspole (und somit die Bürsten) nicht in der Mitte zwischen den Hauptpolen, sondern etwas in der Drehrichtung verschoben, angeordnet sind. In der Weise ist künstlich eine Armaturreaktion hervorgerufen. Der Parallelbetrieb zwischen dem Umformer und den Motorgeneratoren ist sehr zufriedenstellend. Einankerumformer eignen sich nicht so gut für den Parallelbetrieb mit Motorgeneratoren mit so hohem Spannungsabfall. Sie müssen natürlich mit Zusatzmaschinen und Gegenkompoundwicklung versehen werden.

Bemerkenswert ist, daß wegen der schwierigen Kühlung einer Maschine von großer Länge dieser Kaskadenumformer als geschlossener Typ ausgeführt ist. Ein Gebläse treibt die Luft von unten nach oben durch die Maschine. Die für einen 1000 KW-Kaskadenumformer nötige Leistung zum Antrieb des Gebläses ist etwa 4—5 PS, so daß die vom Motor aufgenommene Leistung nicht einmal 0,5% der Maschinenleistung ist.

Fig. 56 zeigt die Maschine im Schnitt; die Kühlluft tritt unten in den Endschilden an beiden Seiten ein, wird zur Welle geführt, und von da teilweise durch den Rotor und die Luftschlitze im Rotor und Stator, teilweise die Rotor- und Statorwicklungen entlang zu dem zylindrischen Hohlraum im Eisengestell der Maschine geführt, von wo aus sie oben entweichen kann. Die Befestigung der Statorspulen ist sehr gut, so daß eine Zerstörung der Spulen durch große Kurzschlußströme ausgeschlossen ist.

Die Anordnung der Äquipotentialverbindungen auf der hinteren Seite der Gleichstrommaschine ist aus der Figur deutlich zu sehen; auch die unsymmetrische Lage der Polschuhe der Kommutierungspole. Wegen der großen Regulierung der Gleichspannung sind sowohl Stator- wie Rotornuten vollständig geschlossen.

---

[1]) Bei rotierenden Umformern, die in diesem Falle Zusatzmaschinen brauchen, wird die Gegenkompoundwicklung auf diesen angebracht.